脫線創意集中營

夏潔——著

編輯序

讓科學走進生活

「實驗，是科學研究的基本方法之一。根據科學研究的目的，盡可能地排除外界的影響，突出主要因素並利用一些專門的儀器設備，而人為地變革、控制或類比研究物件，使某一些事物（或過程）發生或再現，從而去認識自然現象、自然性質、自然規律。」

這是百科全書對於實驗一詞的解釋，夠枯燥、夠繞口嗎？

實驗，對一般讀者來說，就是枯燥、嚴謹的，而從事實驗研究的科學工作者給人們的印象也往往是認真、理性的，讓人敬而遠之。

難道我們想要透過科學家們做過的實驗來瞭解我們自己、我們生活的這個星球以及外太空，就必須看那些既枯燥又繞口的資料和專業術語嗎？

No，現在有個機會可以讓你輕鬆瞭解到各個方面的實驗。也就是打開你面前的這本《脫線創意集中營》。

這本書共分為三章，分別是神祕的人體實驗、學術圈的重口味和生活裡的無厘頭。顧名思義，本書涉及到的一百個實驗故事也是從這三個方面展開的。

在第一章「神祕的人體實驗」中，你可以瞭解到關於人體各個方面的脫線實驗研究：有的科學家不顧自己生命危險注射蛇毒，目的就是想要體驗蛇毒的危險和找到解除這種危險的藥品（故事1往血液裡注射蛇毒的人）；你也可以看到美劇《性愛大師》的原型人物——庫魯姆比斯，為人類在最原始衝動方面做出的研究（故事2性愛大師）；你同樣可以進入神祕領域探究靈魂的重量（故事7人的靈魂重二十一克），進入到氣味世界「聞」到愛情（故事8愛情的氣味），或是和約翰·康拉德·迪普爾一起挖屍體尋找長生不老之藥（故事14愛挖屍體的科學怪人），或者看看殘忍的亞瑟·溫特沃斯醫生是如何對自己的脊背穿刺體驗刺骨的疼痛（故事30刺骨的痛）。

古人曾說，身體髮膚受之父母，是絕對不能有損傷的。一旦損傷了怎麼辦呢？那就開發出能讓肢體再生的藥物（故事9斷肢再生），或者讓自己變得更強也行（故事10一半是機器一半是人），要不然乾脆當一次上帝好了（故事22開啟富豪拷貝模式）……

這些實驗是不是都很瘋狂呢？

對科學家們而言，每一個人體都如同佛祖說過的「一花一世界」，蘊含著無限的奧祕，如果能探索到了這些奧祕，無疑會讓科學發展更進一個臺階。

在第二章「學術圈的重口味」中，實驗變得更加不可思議。科學家們為了吸引人們目光不惜代價，向人們展示了一個個稀奇古怪的問題：因為愛情所以要吃下對方（故事40愛你所以吃掉你），為什麼再乖再可愛的狗狗都喜歡吃屎（故事41狗改不了吃屎），人類到底是什麼動物變成的（故事45人類的祖先是水母），誰是世界上性慾最強的動物（故事42世界上性慾最強的動物），埃及金字塔裡噴火的守護之蛇到底是什麼（故事47守護陵墓的法老之蛇），保存三年的披薩你還敢吃嗎（故事60保存三年還能吃的披薩），鋼鐵人是不是能夠真的被製造出來（故事64鋼鐵人再現）……

人類世界中，無窮的探索，無盡的思考，文明的誕生和發展都是被這些探索和思考不斷推動前進的，每一次的探索和更新都是一個前進，如同佛家的「一樹一菩提」一般，在無窮的奧義中閃現出智慧的光芒。

第三章「生活裡的無厘頭」向你展示了生活中的脫線實驗。

從生活角度看，所有可以吃的、可以玩的、可以用的，都可以成為科學家們好奇研究的對象，排泄物和食物的奇葩組合（故事68大便漢堡）；對於身體無窮好奇的探索（故事98聞耳屎也是一門學問）；痛苦的失眠也可以帶來科學研究的價值（故事

77長夜漫漫，無需睡眠）。

從倫理角度看，人性的探尋可以解開許多行為和思維的困惑，例如對於人性本善的思考（故事71善良的撒瑪利亞人）；對於情感的探索（故事100羞恥的力量）；以及對於思維抉擇的追尋（故事83大腦在災難面前的抉擇）。

從無厘頭的方面來看，科學家們總有無聊的時候，許多創新的產生，也都有可能是突如其來的變故帶來的靈感，例如執著追求生活「品質」的人（故事76生活在秤盤上的人）；對自己小祕密不斷探索的人（故事82精子居然都是定時炸彈）；對於無聊生活挑戰的人（故事91麥當勞成為最減肥食品）；以及貢獻自我為科學奉獻的人（故事97關於最痛的實驗）。

生活中處處都有驚喜，處處都有收穫，如同佛祖所云「何處不佛陀」的慧語，只要我們擁有善於發現的眼睛，擁有一顆永遠好奇的心，擁有堅持探索的態度，就有可能創造出驚喜！

看了這些故事，你還會覺得科學是遙不可及、嚴謹枯燥的嗎？其實它就在我們的身邊，而且充滿了樂趣。打開這本《脫線創意集中營》，讓科學實驗走進你的生活吧！

自序

夠奇葩的科學家＋夠脫線的創意＝本書

你閱讀的這本書，實際上是我的意外收穫。

工作原因，我曾經搜集過大量關於實驗的素材，但詢問了很多朋友，他們都認為這些實驗不適合結集出版。原因很簡單，實驗都應該是枯燥的、是專屬科學界的，而我搜集的這些實驗都過於「獵奇」，部分還「太接地氣」。

他們振振有詞地告訴我，諾貝爾的實驗叫實驗，居禮夫人的實驗叫實驗，你用這些可以，但其他的那些實驗算是什麼實驗呢？有人很噁心地研究大便做食物，有人「厚顏無恥」地觀察別人的性衝動，還有人異想天開到，要用一個內衣來解決肥胖問題等等。

他們說，這些更像是天方夜譚而不是科學實驗，就像科幻小說不代表就是科學……

類似這樣的話，我聽了很多。

可是我想要說的是，一個沒有幻想空間、沒有想像力的科學家，不能稱之為科學家，科學的發展必須依靠大膽的假設和想像。科學實驗更是五花八門、千奇百怪，儘管在大眾眼裡它們十分脫線，但它們卻有可能引領未來的科學。畢竟，諾貝爾炸了自己實驗室，被所有人指指點點的時候，他也沒有想到日後自己會成為實驗史上最重要的科學家之一。

沒有做不到，只有想不到，這句話在實驗研究方面也能被引用得上。在搜集本書實驗的時候，我看到很多優秀的「幻想家」。對他們所處的時代而言，他們的想法足夠脫線，足夠奇葩，但當我們將視線擴展到全球乃至宇宙的範圍，我只想說——

他們值得被記載，值得讓更多人銘記他們做出的貢獻！

談完充滿幻想力的科學家們，再讓我們回到實驗本身。

在本書搜集素材的過程中，我經常會面臨一個問題——什麼樣的實驗叫做具有「脫線創意」的實驗呢？是以吸引人們目光為目的，還是以當時的科技條件看起來不可思議，但隨著時間的延續會顯示出其先進的一面呢？

帶著這樣的問題，我也問過很多的科學家，問他們在自己的領域中是否有「脫線」的實驗？他們的回答幾乎一致：在我的領域裡沒什麼有趣的實驗。

這怎麼可能？

當我拿著幾個自認為「有趣」的實驗請教他們時，他們都睜大了眼睛：「這難道不是很嚴謹的科學實驗嗎？即便當時看起來不可能，但它們在今天看來都是正常的實驗啊！」

就這樣，我的問題得到了解答。

正如上面談到的科學家一樣，本書搜集到的實驗故事也是當時看起來奇葩，但隨著時間的推移，逐步證明是絕對值得被記載、被閱讀，好玩的實驗好看的故事。

夠奇葩的科學家＋夠脫線的創意＝你面前的《脫線創意集中營》。

希望能得到你的喜歡。

最後，我衷心感謝閱讀本書的每一位讀者，感謝你們積極投身於實驗世界的「脫線」創意中。正如我在前面說過的，正是一個個看似脫線的實驗，才推動了科學的不斷發展。

讓我們一起想得更遠、做得更遠，也許有那麼一天，你的一個脫線創意能在實驗史上佔據一席之地！

目錄

第二章 學術圈的重口味

第三章 生活裡的無厘頭

第一章

神祕的人體實驗

一花一世界——experimenting on human being

從科學角度看，人體是與自然界不斷抗爭的終極勝利品。按照達爾文進化論的闡述，我們的祖先（那些勇敢而勤勞的猿猴們）不甘於做一輩子的低等動物，經過漫長的進化，終於爬上了食物鏈的頂端。於是，有些科學家就分外珍惜老祖先的勞動成果——他們什麼都敢吃（故事1往血液裡注射蛇毒的人）。

從宗教角度看，人體是神明賜予人類最珍貴的禮物。傳說中，上帝按照自己的樣子，創造了第一個人類——亞當，又用他的肋骨給他添了個小夥伴——夏娃。所以，不管品質怎樣，人類總算是在外形上和神明保持了一致的高度。於是，另外一些科學家就有點不甘心，千方百計地想要知道我們到底內在如何，和神明、其他生物到底相距有多遠（故事7人的靈魂重二十一克、故事12戴上頭盔，和上帝通話）。

從倫理來看，身體髮膚受之父母，是絕對不能有損傷的。一旦損傷了怎麼辦呢？那就開發出能讓肢體再生的藥物（故事9斷肢再生），或者讓自己變得更強也行（故事10一半是機器一半是人），要不然乾脆當一次上帝好了（故事22開啟富豪拷貝模式）……

這些實驗是不是都很瘋狂呢？

對科學家們而言，每一個人體都如同佛祖說過的「一花一世界」，蘊含著無限的奧祕，如果能探索到了這些奧祕，無疑會讓科學發展更進一個臺階。

有這麼大的好處，當然在設計實驗的時候，就是能多脫線就有多脫線啦！

1 往血液裡注射蛇毒的人

◎快眼看實驗

地點：美國威斯康辛州一輛小汽車中。
時間：一九二八年春天。
主持人：埃根柏格。
目標：以身試蛇毒。
特點：養條蛇，毒液要取最新鮮的。
脫線指數：★★★★
可模仿指數：★（連實驗者本人一生也只敢做一次，你敢嘗試嗎？）

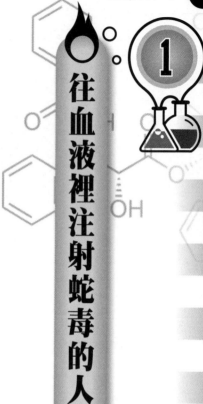

◎全實驗再現

你怕蛇嗎？

試想一下，如果一個孩子正在室外玩耍，突然遇到一條吐著血紅色信子的大蛇，從草叢中豎起身來橫行在面前，他會如何？恐怕一般的孩子都會嚇得尿了褲子。

埃根柏格兒時就遇到過這樣的險境，當時，年僅十歲的他嚇呆了，盯著大蛇那不斷吞吐的信子，胯下就是一濕……所幸的是，當時那條蛇已經是吃飽喝足的狀態，埃根柏格才得以倖免於難。

回到家中，埃根柏格陷入了沉思：人類之所以怕蛇，無非是怕中了蛇毒會死去，那麼，為什麼人類被蛇攻擊後會中毒？中了蛇毒之後又是什麼反應？人類到底有沒有辦法戰勝蛇毒呢？

這一系列的問題，縈繞在埃根柏格的腦海中，他發誓等到自己長大之後，一定要搞清楚這些問題。

一晃十多年過去了，已經二十多歲的埃根柏格成為了一名病理學家。在一切都步入正軌之後，埃根柏格想起了年幼時的夢想，決定全心全意「對付」蛇毒。

這時候的埃根柏格已經明白了，部分蛇毒之所以置人於死地的原因，比如說，眼鏡蛇的毒液能夠直接作用於血漿和紅血球，從而破壞人體循環系統，延緩或者加速血小板的凝血過程；而曼巴蛇的毒液則是直接作用於人體中樞神經系統，麻痺人的呼吸和心臟。

埃根柏格思索了很久，決定用曼巴蛇的毒液來做實驗，為此，他在家裡養了一條曼巴蛇，甚至還把前來拜訪的朋友嚇到昏厥。

當這條曼巴蛇漸漸長大，毒液可以用來做實驗時，埃根柏格卻做了一個驚人的決定——為了記錄蛇毒在人體中的作用過程，他要往自己的血液中注射曼巴蛇毒。

這個瘋狂的想法遭到了所有人的反對，他的妻子、家人、朋友全都苦苦相勸，但埃根柏格就是不聽，堅持要完成這個實驗。

在一個萬事俱備的下午，埃根柏格鑽進一輛小汽車，將一滴曼巴蛇毒用十滴生理鹽水稀釋，然後在自己的手臂上注射了〇．二毫升稀釋後的蛇毒。

值得一提的是，這並不是埃根柏格第一次給自己注射蛇毒。早在這次注射實驗之前，他就為自己注射過眼鏡蛇的毒液，那次注射後，注射位置立即疼痛難忍，並且迅速鼓起一個大包。埃根柏格以為這次也會是一樣，但事實並非如此。

曼巴蛇毒剛進入到體內，埃根柏格就覺得自己對周圍的環境變得尤其敏感，用他自己的話來說，就是：「車子微小的顫動以及發動機運轉的聲音，對我來說都是極大的刺激，難以忍受。我甚至覺得汽車輪子就像平的一樣，在我下車接觸地面前，甚至要不放心地低頭看一眼地面。」

二十分鐘後，僅僅〇．二毫升的毒液就讓埃根柏格感受到了中毒的反應。他試圖往注射點滴入高錳酸鉀溶液，但是效果甚微，毒液已經向全身擴散，他的舌頭、下巴先後失去直覺，最後連腳趾也麻痺了。

這時，埃根柏格讓助手給自己注射事先研製好的解毒藥。幸運的是，這種藥物見效很快，六個小時後，埃根柏格身上的蛇毒就慢慢退去了。

IN視角

各位讀者有沒有發現一個問題呢？那就是，為什麼埃根柏格會在小汽車裡進行這項實驗呢？因為空間小，所以感受會更加敏銳？或者實在中毒厲害，可以開著車往醫院狂奔？這個問題，埃根柏格一直沒有給出答案。不過，我們可以得到答案的是，直到西元一九六一年與世長辭，埃根柏格再也沒有做過類似的實驗。

2 性愛大師

◎快眼看實驗

地點：美國。

時間：一九四九年。

主持人：庫魯姆比斯。

目標：測量性交過程中的壓力。

特點：最尷尬領域的研究。

脫線指數：★★

可模仿指數：★★★（設備齊全、尷尬忍得住，這不算是一個困難的實驗。）

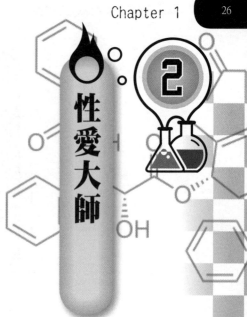

◎全實驗再現

美國近年出了一個熱播的電視劇《性愛大師》，劇中講述了兩位性教育研究專家William Masters和Virginia Johnson的故事，該劇打破了傳統的束縛，一時間成為熱議話題。其實，在歷史長河中也有一位真實的性愛大師，他就是美國的醫學家庫魯姆比斯。

六十多年前，當庫魯姆比斯第一次公布實驗結果時，他甚至用拉丁文寫了部分段落以掩飾自己的羞澀，這段拉丁文的含意是：一個單純靠幻想就能得到性高潮的女人來到他的實驗室，這個女人的能力讓他非常驚訝也非常滿意，因為不管什麼時候、什麼地點，她僅靠把雙腿壓在一起就能達到性高潮。

在當時的科學水準下，很多人都知道性愛過程可能會導致中風或者心肌梗塞，嚴重的甚至會導致死亡。但是，人類在性交過程中，究竟承受了多大的壓力導致這些情況的發生，卻是不能被估算的。庫魯姆比斯的成就在於，他沒有估算這些壓力，而是真實地將之測量出來。

事實上，庫魯姆比斯一直想對性愛過程進行測量，他也一直在招募實驗者，但幾乎沒有人前來應徵——畢竟性愛是一件特別隱私的事情。而另一方面，庫魯姆比斯和他的助手也考慮到實際問題：做愛時劇烈的運動會破壞資料的準確性。

就在庫魯姆比斯一籌莫展的時候，他論文裡提到的那個女人推開他實驗室的門（我們姑且稱之為瓊安娜），她講明自己的情況後，圍繞庫魯姆比斯的愁雲終於消散了。

瓊安娜可以說是庫魯姆比斯最理想的實驗對象，她可以按照命令控制自己的性高潮，並且在肢體上保持冷靜，不會產生額外的震動來影響敏感的測量儀器，這可以讓庫魯姆比斯和他的助手準確跟蹤血壓、脈搏等數據的變化。

在庫魯姆比斯的第一次紀錄資料中，他發現瓊安娜的收縮壓增長了五十毫米汞柱，達到一百六十毫米，這個資料引起了庫魯姆比斯的高度重視，因為產婦在分娩前承受陣痛的血壓，只有此時的五分之四；做為對比，庫魯姆比斯讓瓊安娜快速從一樓跑到六樓，如此激烈地運動也不過是讓瓊安娜的血壓比平時上升二十五毫米汞柱，心跳在九十八次／分鐘。

在接下來的實驗中，瓊安娜共產生了五次性高潮，每次時間相隔一分鐘左右。庫魯姆比斯觀察到，每次的性高潮週期中都有著一定的走勢：在最初的五秒內心跳陡然加快，比平時正常水準每分鐘高出十次，在接下來的十五秒中保持這個數值，在第二十五秒左右進入高潮。進入高潮後的心跳速度更快，大約是每分鐘比平時水準高出十五次，而血壓也會升高兩百毫米汞柱。

為了公平起見，庫魯姆比斯也找來一位男士做實驗。這位男士沒有瓊安娜那樣的本領，他透過手淫的方式使自己達到性高潮。而測量數值顯示，男士的脈搏在性高潮過程中，可以跳躍到一百四十二次，血壓達到三百毫米汞柱。

基於此，庫魯姆比斯斷言說，根據這樣的資料，女士幾乎沒有性高潮體驗。

IN視角

在性愛過程中，男人和女人脈搏和血壓的變化趨勢是相同的。但在性高潮來臨時，本來很有規律的變化趨勢突然發生了極大的偏差。有人針對這個數值變化提出了一個哲學領域的思考，即幸福最大體驗感受，在於觸及和到達的那一刻，而不是一直擁有的一種常態。我們將時間都貢獻給了前者，後者什麼都沒有得到。殊不知，幸福突如其來的感覺只不過那麼十幾秒，真正佔據我們生命更多時間的，是平淡。究竟人應該追求火花般的高潮，還是平淡如水的相守，那就是仁者見仁、智者見智了。

3 塗口紅？不親吻！

◎快眼看實驗

地點：美國科學雜誌社。

時間：一九二七年三月。

主持人：編輯部成員。

目標：測量接吻時產生的細菌數。

特點：惹惱唇膏公司的實驗。

脫線指數：★★★

可模仿指數：★★★★（買個顯微鏡就全搞定啦！）

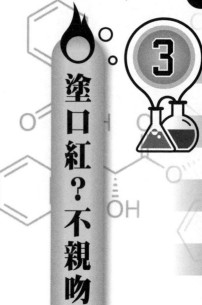

◎全實驗再現

相傳親吻這一動作來自於兩隻毛毛蟲，公蟲將鮮美的水草送到母蟲面前，當她羞澀收下後，公蟲就深情吻了她的身體，以傳達「她的身體如水草般肥美可口」的讚美之意。後來，親吻就變成了人們用來表達愛意的常用方法之一。在分離時，人們親吻；在久別重逢時，人們親吻；在激動時，人們親吻；在傷心時，人們還是用親吻來表達慰藉。熱戀的男女會深情地親吻對方，慈愛的父母會憐惜地親吻自己的孩子，孩子也會天真無邪地親吻仰慕的長輩。

親吻，是如此常見的表達情感的行為，你能想像出一個不允許親吻的世界嗎？

二十世紀初，隨著醫學的飛速發展，人們對於傳染病的恐懼到達了一個高峰。很多志願者組成衛生聯盟，提倡「飯後、便後洗手」等衛生理念。在這些眾多的聯盟中，「反接吻聯盟」是最獨特的一支。

反接吻聯盟限制人們的事情非常多，他們號召人們不要親吻兒童，因為某些傳染病會透過口腔傳染給兒童，有些病菌對大人來說不算什麼，但對兒童而言，卻有可能變成奪取性命的罪魁禍首；他們號召人們不要親吻戀人，因為假如自己的戀人是梅毒患者，那麼他／她每次接吻所傳播的梅毒病菌高達四萬個；他們號召人們乾脆不要親吻，因為病菌實在是太可怕了。

這個在今天看來荒謬的聯盟，在當時卻受到了日本民眾的擁護，很多歐美電影在進入日本市場時，都被要求將所有的親吻鏡頭剪掉，以免對民眾造成不好的影響。

可是，美國民眾才不管接吻會帶來什麼嚴重的後果，他們還是大肆拍攝親密的愛情故事片，甚至在民眾的呼籲下，美國《科學與創造》的雜誌社成員還進行了一項別開生面的實驗。

在一九二七年三月，《科學與創造》雜誌社比平時要喧鬧很多，幾對男女正等待在編輯部的門口，準備配合編輯部的工作人員進行這次實驗。

實驗很簡單，編輯部的工作人員要求接受任務的這幾對男女，分別對著培養皿親吻，然後這些培養皿會被送到攝氏三十七．五度的保溫箱裡，足足放置二十四小時，以觀測培養皿中的細菌數量。

二十四小時後，編輯部的工作人員將培養皿拿出來，放在顯微鏡下進行觀察。

毫無疑問的，人體會攜帶部分細菌，親吻時黏附的細菌，在這二十四小時內繁衍出了新的細小細菌群。編輯部的工作人員只要計算這些細菌群的數量，就能知道之前，關於梅毒病菌透過親吻可以傳播四萬個的說法是否屬實。

經過一系列的觀察和計算，《科學與創造》雜誌社最終給了世人一個準確資料：接受實驗的這幾對男女，他們能傳播的細菌，遠遠低於「反接吻聯盟」號稱的四萬個，而僅有五百個，其中塗了口紅的女士傳播的細菌是七百個。

IN視角

《科學與創造》雜誌社的這次實驗，很大程度上，緩解了當時人們對於親吻的恐懼，人們開始慢慢回歸到可以親吻戀人、孩子的節奏，有人調笑這次實驗說：「不管它的社會意義有多大，它至少給男人一個藉口，那就是塗了口紅的嘴唇，我們不想親吻，因為它會傳播更多的細菌！」

4 鈴鐺響聲＝食物

◎快眼看實驗

地點：俄國的聖彼德堡。
時間：一九〇〇年。
主持人：巴甫洛夫。
目標：測量狗對於不同環境刺激的反應。
特點：由狗及人。
脫線指數：★★
可模仿指數：★★★★★（家有狗狗，萬事俱備。）

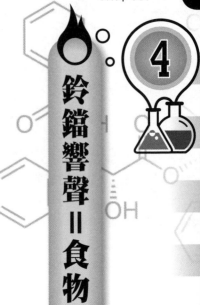

◎全實驗再現

哪位科學家和流行樂隊的關係最好？答案是巴甫洛夫，超出你的想像吧！

二十世紀七〇年代有個樂隊叫「巴甫洛夫的狗和靈魂條件反射的輕歌舞劇和音樂會合唱團」，八〇年代有個樂隊叫「巴甫洛夫和流涎軍」，九〇年代則有兩個樂隊分別叫做「巴甫洛夫的狗狗」和「條件反射」，這一切都源於巴甫洛夫在一九〇〇年，利用狗做出的「條件反射」實驗。

巴甫洛夫，俄國著名科學家，他於一九〇四年，因為消化科學領域的卓越貢獻而獲得了諾貝爾獎，但他被世人所知的還是他關於「學習」的實驗。

這個關於「學習」的實驗，最初並不是巴甫洛夫的初衷，他當時正在研究消化腺的功能。為了研究出消化腺的具體作用，他將狗的消化液透過臉頰上的小孔引到燒杯中，用以研究不同食物對狗消化液的刺激。

經過幾次實驗，巴甫洛夫發現一個有趣的現象，在親自餵過實驗狗數次之後，實驗狗見到他就會分泌消化液。巴甫洛夫起初並不以為然，以為是實驗狗出現的一種實驗干擾。於是，他進一步改善了自己的實驗，不再給實驗狗任何提示，而是不定期地就將食物塞到狗的嘴裡，但狗還是老樣子，見到巴甫洛夫就會分泌消化液，甚至發展到後來，狗聽到他的腳步聲就會分泌消化液。

巴甫洛夫很快意識到，這不是實驗的干擾因素，恰恰是一個全新的研究領域。於是，他在餵食之前加入了新的干擾因素，即每次餵食前都會搖鈴鐺。經過幾次的實驗，狗聽到鈴鐺聲，就會不由自主地分泌消化液。

為此，巴甫洛夫斷言，狗在這個特定的刺激環境中，學會了鈴鐺聲響＝食物的概念。因為狗在其自身的生存環境中，會將很多因素和食物聯繫起來，所以巴甫洛夫特別將實驗場所搬到一個絕對隔音的房間裡，他可以透過操縱桿和滑輪給實驗狗餵食，最大限度地減少了實驗可能存在的干擾。

在這次封閉的實驗中，巴甫洛夫依舊採取餵食前搖響鈴鐺的方式。幾天下來，實驗狗只要聽到鈴鐺聲，就會認同巴甫洛夫設想的那樣不由自主地分泌消化液；而只要有幾次只搖響鈴鐺而不給餵食，實驗狗就會慢慢忘記這個餵食方式，而對鈴鐺聲音沒有任何反應。

基於所有的實驗現象，巴甫洛夫得出一個結論，即本能的刺激──反應組合（食物──分泌消化液）可以和新的刺激（鈴聲）組合在一起，存在於任何一種行為模式中。這個結論在日後的科學界被稱為「經典條件反射學說」。在這個實驗進行三十年後，美國的心理學家斯金納又對其進行了新的詮釋。

如今，巴甫洛夫和他的實驗狗之間的結論，已經變成了日常概念，有些文化批評家用這個實驗結果，諷刺被廣告驅使的民眾，說他們就像是巴甫洛夫的狗，只要給點刺激就會產生購買行為。

IN視角

開篇我們說過，巴甫洛夫本人是世界聞名的科學家，很多樂隊都以他的名字命名，但巴甫洛夫的光芒卻沒有給這些樂隊帶來好運，這些樂隊幾乎沒有爆紅的，甚至都在很短時間內就匆忙解散。

其中，「巴甫洛夫的狗和靈魂條件反射的輕歌舞劇和音樂會合唱團」在一九七三年更名為「巴甫洛夫的狗」，首場演唱會賺六十萬是他們最大的成就，在那之後的三年，樂隊就在公司的命令下強制解散。

5 箱子裡的嬰兒

◎快眼看實驗

地點：美國。
時間：二十世紀三〇年代。
主持人：斯金納。
目標：傳承巴甫洛夫的實驗精神，測量條件反射的行為是如何產生的。
特點：眾生平等，人和動物一樣。
脫線指數：★★★★
可模仿指數：★（問過良心君的意見嗎？）

◎全實驗再現

將動物放進箱子裡飼養你看到過，但是把嬰兒放到箱子裡餵食、撫養，你能想像得到嗎？新行為主義心理學的創始人之一斯金納，就是這樣一個瘋狂的科學家。

斯金納本人才智出眾，他進入了漢密爾頓學院，主修英國文學。本來他想成為作家，畢業後從事寫作，但兩年後他便覺得「沒有什麼重要的事要說了」。隨後，他又考入哈佛大學讀研究生，改修心理學。一九三一年，他獲得哲學博士學位。

擁有這樣一份履歷的人，一定有不平凡的經歷，或許將自己的女兒關進箱子裡飼養，就算是他人生中最不平凡的謠言了吧！

關於這個謠言，還要從他的斯金納盒說起。

斯金納在二十六歲時，閱讀到巴甫洛夫關於經典條件反射的實驗，就很想重現這個實驗，但他不僅僅侷限於簡單地研究已經得出的理論，而是想進一步獲悉在刺激之下的新行為是怎樣產生的。

最終，他想出了一個辦法：製造了一個箱子，將小白鼠放進去。實驗箱中安裝了槓桿，只要小白鼠按下槓桿就能得到食物。起初，小白鼠當然不知道有這樣的「幸運」，但當幸運降臨幾次之後，小白鼠就發現了其中的奧妙，槓桿被按下的時間間隔越來越短。

於是，斯金納分析出，一種新行為的產生，可能是行為發生頻率的改變。

和巴甫洛夫的結論不同，斯金納認為小白鼠在條件反射的這個過程中，不是依靠先天的反應，而是透過學習一種新的行為方式達到的。斯金納在巴甫洛夫的理論基礎上進行延伸，創造性地建立了「動作的條件反射」理論，這個理論包含三個元素：生物體持續呈現本能行為，肯定或否定的結果增加或減少了生物體重複這一行為的可能性，環境決定了這兩個元素。

在接下來的研究中，斯金納又改善了自己的實驗設計。斯金納箱可以自動記錄每次小白鼠按下槓桿的時間，在這一先進技術的幫助下，斯金納很好地研究到了小白鼠的各項行為資料。比如，如果槓桿每次要壓下五次才會有食物，或者壓槓桿獲得食物的頻率並不固定，小白鼠又會有什麼樣的反應？

條件反射的實驗看起來無聊，但斯金納卻透過這樣的方式，教會了小動物們做出很多動作，最讓人稱絕的，是他教會一隻鴿子用嘴巴彈奏出一首完整的曲子，教會兩隻鴿子對打乒乓球。

斯金納的竅門是：逐步給小動物們獎勵，而不是等到牠們全部完成時才獎勵。在訓練鴿子的過程中，當鴿子在斯金納箱中，用尖嘴無意中觸碰到兒童玩具鋼琴而發聲，斯金納就獎勵了牠一個食物。每當牠觸碰出一下聲音，斯金納都會給予獎勵，直到牠最終將一首歌曲完整彈奏出來。

斯金納箱的理論雖然是沿襲巴甫洛夫，但他的理論很快就在社會上流傳起來，甚至有人懷疑斯金納將自己的女兒也關進箱子裡，被她父親像對待小動物一樣進行「訓練」。因為斯金納在一九四五年接受《女人之家》採訪時，稱自己為女兒建造了一個遠離噪音、極其溫暖的托兒所，這篇報導的標題叫做《箱子裡的嬰兒》。因此，很多讀者斷言，斯金納的女兒德波拉一定是被迫參與了實驗。在那之後的很長一段時間內，德波拉——這位生活在倫敦的藝術家，不得不一次次地出現在世人面前，證明自己過得很好，並不是像傳言中的那樣「因為被關進箱子餵養而出現心理危機，進入精神病院並自殺」。

IN視角

斯金納是美國科學界頗具爭議的人物，在他看來，世界不過就是一個大型的斯金納箱，人類所有的行為都可以在這個「箱子」中找到答案，所有的行為不過是箱外刺激的條件反射。斯金納的理論最多應用於教育領域，一九七一年他出版了備受關注，同時也備受爭議的著作《自由及尊嚴的彼岸》，在這本書中，他告訴世人，人們可以透過設置條件的辦法，來訓練孩子按照社會需要的方式行動，從而造福整個人類社會。

6 人體「零件」印表機

◎快眼看實驗

地點：美國、俄羅斯。

時間：二〇一三年。

主持人：阿蘭·卡爾龐捷等。

目標：將人體器官透過生產線生產。

特點：醫療、基因等多種學科的重大進步。

脫線指數：★★★

可模仿指數：★（其實想給零顆星，因為生產線的高額造價，民眾模仿指數低。）

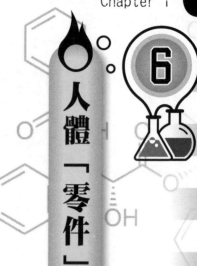

◎全實驗再現

香港科幻小說家衛斯理，在他的科幻小說《後備》中塑造了一家醫院，這家醫院為富豪或大政客製造「複製人」，以備這些大人物在人體器官衰竭時，可以更替「自己」的器官。

在二〇一三年，這個看起來像是「天方夜譚」的奇思妙想，被科學家們變成了現實，俄羅斯、美國等一些國家紛紛宣布，已經在這一課題上研究出了一些成果，可以在未來一段時間內，解決因器官短缺而無法進行移植手術的難題，給等待器官的手術患者帶來新的希望。

首先對這一領域研究發出宣言的是俄羅斯的生物學家們，他們在二〇一三年年初的時候就發表聲明說，在俄羅斯烏拉爾地區首府葉卡捷琳堡，有一家他們專門用來做這種實驗的實驗室。在那裡的生物學家們結合自身以及國外同行的經驗，已經成功製作出了一塊軟骨和耳朵。被製作出來的軟骨和耳朵的「原材料」來自於需要更換器官的患者。生物學家們在他身上取來人體細胞，透過3D列印技術，已經成功進行了「人體零件」的生產。在這個關於科學研究成果的聲明中，俄羅斯的生物學家們稱，他們接下來將要生產一個健康的腎，如果研究能得到成功的話，那麼器官短缺問題就不復存在了。生物學家們甚至還動用了一個機器人晝夜監管生產線情況。

以此同時，美國科學家們也宣布，他們利用一個車禍遇難者嚴重受損的肺做為原材料，成功培育出了人造肺。主持這次實驗的科學家叫科爾斯，他將遇難者肺上的所有組織都剝離了，留下膠原蛋白和彈性蛋白充當「骨架」。在接下來的實驗中，科學家們將其他肺部中健康的細胞，附著在之前建好的「骨架」上，再用營養液將整個人工的肺部浸泡起來。大約四週之後，這個人造的肺部就如同植物發芽長大一般，真的被培育出來了。

與俄羅斯和美國的科學家們不同，法國的科學家使用了生物活性組織與電子零件相結合的方式，製造出一個比人類心臟重三倍的人工心臟，總重約兩磅。法國科學家阿蘭·卡爾龐捷在研究方面比俄羅斯、美國科學家們先進一步，他不僅製造出了人工的心臟，還成功地用這顆人工心臟完成了目前醫學史上第一例人工心臟移植手術。病人在移植手術後甦醒，雖然還處於嚴密的監測之下，但身體的各項指標都顯示正常。阿蘭·卡爾龐捷表示，這顆人造心臟表面部分選用了牛的組織，心臟內部裝有電子感測器，能夠根據患者活動情況對血壓進行調節。阿蘭，卡爾龐捷希望這位病人能夠回到正常的社會生活中，如果希望成真的話，這項技術將可以救治成千上萬等待器官移植的病患，給他們及家人帶來希望。到那時，人工器官也可以做到和零件一樣「大量生產」，對需要更新器官的人來說，他們將能夠像選購日用品一樣去選購需要的器官。

阿蘭·卡爾龐捷和他的團隊殷切希望這個願望能夠達成，在若干年後，或許他們還能帶著大量的成品上市。

IN視角

衛斯理在他的小說中無數次表達過，一個優秀的科學家，必須有足夠的想像力才能進階成為頂尖的科學家。在人工器官這一研究領域，阿蘭・卡爾龐捷這樣的科學家無疑是有足夠想像力的，也許在幾十年或者百年之後，人類真的能夠實現人造器官大量生產這一夢想，自主決定身體的變換和更新。說不定人類也能像數位產品一樣能夠「更新換代」，從而讓生命更新和延續。

7 人的靈魂重二十一克

◎快眼看實驗

地點：美國麻塞諸塞州。

時間：一九〇一年四月十日。

主持人：鄧肯·麥克杜格爾。

目標：秤量靈魂的克數。

特點：被實驗者一生只能參與一次。

脫線指數：★★★★

可模仿指數：★（如果想拿自己做實驗，恐怕沒有辦法知道實驗結果哦！）

◎全實驗再現

在幽暗的房間裡，一個還殘留一口氣的人靜靜躺在病床上，在他的床邊佇立著一張純白色的幕布。

突然之間，病床上的病人全身散發出霧氣一般淡淡的光芒，光芒逐漸凝聚，慢慢變成如躺在床上的病人形狀，接著緩緩地飄浮起來，在不太明亮的房間裡看起來尤其詭異。

那團霧氣停留了一會兒，然後朝著唯一一扇打開的窗口飄去，最後神祕消失。

這不是什麼靈異電影的現場，而是源自於一家實驗室。

當那團神祕的霧氣消失後，房間裡的燈也亮了，主持這場實驗的卡林博士宣布：「體重減輕了，和麥克杜格爾醫生的結論一樣，剛好是二十一克！」

卡林博士是美國的心靈研究專家，他還是學生的時候，就瞭解到了麥克杜格爾醫生的實驗，這次不過是將麥克杜格爾醫生的實驗更加精細地重現而已。

在十年前，美國麻塞諸塞州的麥克杜格爾醫生可謂是風雲人物，《紐約時報》一九〇七年三月十一日第五版的新聞就是關於他的，在這則新聞中，他肯定地告訴世人：人是有靈魂的，並且人的靈魂還可以被測量到。

麥克杜格爾醫生從年輕時候起就非常關注靈魂領域，在他的理論體系中，所有佔有空間的物體一定都是有重量的，基於這個理論，靈魂既然是存在於身體這個空間中，那麼它一定也是有重量的。為此，麥克杜格爾醫生發明了一個專門秤量靈魂重量的天平：一張可以架起床鋪的天平，它的數值可以精確到五克。

經過反覆的設計挑選，麥克杜格爾醫生將最好的實驗對象訂為結核病人，他們在將死之際，幾乎是一動也不動的。因為當死神降臨的那一刻，實驗人選最好很少或者幾乎沒有肌肉運動，這樣測量出來的重量才準確，不然會影響到天平的平衡性。

第一位結核病人被放在麥克杜格爾醫生的「靈魂天平」，是在一九〇一年四月十日十七點三十分。三個小時四十分鐘後，麥克杜格爾醫生記載：隨著病人最後一口氣嚥下，原本調節到接近上限的天平指標迅速下降，達到下限後再也沒有反彈回去。這個重量差大約是二十一克。

實驗的其他五例，各有狀況發生，其中的一例重量下降了兩次，麥克杜格爾推理說，病人臨死前，靈魂走了一部分，剩下的部分，則依依不捨地在十幾分鐘後，不得已離開。

做為實驗對比，麥克杜格爾醫生還用十五隻狗做了實驗，實驗的結果和人類大相徑庭，狗在死前和死後的重量沒有變化。麥克杜格爾醫生解釋說，這正是因為狗和人類不同，沒有思考的能力，因此也就沒有靈魂。

麥克杜格爾醫生用狗做實驗，也同樣引起了爭論，人們懷疑他為了完成實驗對比，而昧著良心毒死了十五隻狗。

百年後，對於靈魂的研究又有了新的發現。獲得一九六二年諾貝爾生理學／醫學獎的科學家克里克，二〇〇三年發表文章說，人的靈魂是由大腦一些特定的細胞產生的，而他和他的研究小組發現了人的「靈魂細胞」。這就使得人們不禁聯想起麥克杜格爾醫生的實驗，那二十一克的重量，是否就是「靈魂細胞」的重量呢？

IN視角

麥克杜格爾醫生的實驗過程，雖然看起來簡單，實驗結果也可以用邏輯解釋得通，但卻一直備受爭議。針對這個實驗，其他科學家們第一關注的，是人究竟有沒有靈魂？這屬於哲學範疇；科學家們第二關注的，如果人有靈魂，那麼它是物質嗎？被實驗者丟失的那二十一克，真的就是靈魂的重量嗎？有沒有可能是身體其他部分的重量呢？針對這一點，麥克杜格爾醫生並沒能給出符合邏輯的答案；第三被關注的，也是麥克杜格爾醫生自己承認的失誤所在。他總共對六個人進行實驗，其中兩例是無效的，也就是說，真正成功的只有四例，樣本過少，也有可能直接影響實驗結果的準確性。

8 愛情的氣味

◎快眼看實驗

地點：瑞典卡羅林斯卡研究所。
時間：二〇〇五年。
主持人：伊凡卡·撒維西·伯爾葛蘭德。
目標：測量性傾向的味道。
特點：同性戀和異性戀的相區別對待。
脫線指數：★★★
可模仿指數：★★（借鑑科學家們的理論，只要實驗設備選對，即可得到實驗結果。）

◎全實驗再現

還記得二〇〇六年那部著名的電影《香水》嗎?在這個選題新穎的故事中，主角是一位對氣味有著敏銳感覺的天才，他為了尋找最美的味道而走上殺人之路，最終如願以償地，製造出了讓所有人都迷戀的味道。這個最終的味道，只要人聞了就會為之瘋狂，產生愛慕之情。

在愛情裡，也是有著同樣的味道的。一項實驗研究表示，同性戀的男人和異性戀的女人，對男性氣味分子的反應是相同的。雖然這項實驗的研究對象並不多，但在某種程度上，說明了性傾向編碼在大腦中的一種可能方式。

在動物界中，大多數的動物都是依靠氣味來選擇伴侶的，牠們腦中負責交配的區域，就像是一扇大門，而負責打開這扇大門的鑰匙就是配偶身上的氣味，這種氣味被稱為外激素，也叫做資訊素。生物學家們發現，人類的腦中也有「這扇大門」，位於下丘腦前端，同樣具有喚起性意識的功能。但這個區域和其他動物不同，並不和鼻子直接相連，所以外激素在人體中的作用，才一直未能被清楚認識。

生物學家們經過研究發現，人類的外激素中，一種叫做AND，由男人的汗液排出體外，是睪丸激素的變種；另一種叫做EST，由女人的尿液排出體外，是雌激素的變種。有一些生物學家提出，在性愛生活中，男人的汗液能夠啟動女性的外激素，提高性意識及排卵能力。但這種說法是否屬實，還沒得到科學認證。

為了得到這個說法的科學認證，瑞典卡羅林斯卡研究所的伯爾葛蘭德領導了一個小組，找到三十六位志願者，這些志願者分別是十二位異性戀的女人、十二位異性戀的男人和十二位同性戀的男人。伯爾葛蘭德讓他們去聞微量的AND和EST分子，同時用PET（正電子發射斷層成像）設備來觀察他們的腦部運動。

經過嚴密的實驗，伯爾葛蘭德發現，聞過AND的氣味，同性戀的男人和異性戀的女人，會使腦中性意識區域的血液流動增快，而異性戀的男人則沒有感覺；聞過EST的氣味，異性戀男人腦中的性意識區域血液流動會增快，而同性戀的男人則沒有感覺。

這個實驗結果充分說明，同性戀的男人和異性戀的女人對於氣味的需求是一樣的。

其實，早在伯爾葛蘭德的這次實驗之前，芝加哥大學的瑪莎．邁克林塔克就和她的助手們做過一個類似的實驗，讓幾位女性在丁香味、漂白劑味，和由男性連續穿了兩夜的衣服發出的氣味中做出選擇，最讓愛美的女性們青睞的，不是前兩種帶有香味的味道，而是後者。在兩性HLA對比的基礎上，瑪莎．邁克林塔克和助手們發現，女性更喜歡聞和她的HLA差異處於中間程度的男性身上發出的氣味，完全相似或完全不同HLA的男性發出的體味則不被青睞。而如果將該女性父親的HLA和這些受青睞的男性的HLA相比較，就發現它們有很好的相關性。

瑪莎．邁克林塔克和助手們由此判定，女性氣味傾向與父親的基因有關，同樣的相關性和以前有關狒狒行為實驗的研究結果也一致，某種程度上可以互為驗證。

IN視角

伯爾葛蘭德的實驗，說明同性戀的男人和異性戀的女人愛的是一樣的氣味，都是發自男人汗液中的AND。但這個實驗結果卻遭到了很多人的反對，他們對伯爾葛蘭德提出，對實驗的結果必須謹慎對待，因為同性戀的男人們，之所以和異性戀的女人喜歡的味道相同，可能不是先天的動物性對雄性外激素有反應，而是與男人保持性關係所導致的後天結果。

9 斷肢再生

◎快眼看實驗

地點：英國的倫敦大學。

時間：二〇〇七年十一月。

主持人：阿諾普·庫馬爾、布羅基斯。

目標：研究細胞使得人體斷肢再生。

特點：向動物的天性學習。

脫線指數：★★★

可模仿指數：★（能堵得住人權主義者的悠悠之口，也許能進行類似的人體實驗。）

◎全實驗再現

幾乎所有偉大的實驗靈感，都來源自平凡的生活，阿諾普・庫馬爾的人體醫學實驗也不例外。

阿諾普・庫馬爾是倫敦大學人體醫學方面的教授，這天他陪兒子到動物園玩耍，一直在他前面蹦蹦跳跳的兒子，突然驚嚇著向他跑過來。

阿諾普・庫馬爾抱住兒子問：「前面出現了什麼事？」

孩子緊緊揪住他的衣領，指著前方說：「那裡好恐怖！」

阿諾普・庫馬爾抱著兒子往前走，沒走出幾步就看到了讓兒子害怕的「東西」，那是一個乞丐，左胳膊和左腿都斷了。

阿諾普・庫馬爾輕聲勸慰著兒子：「那個叔叔已經很可憐了，你要幫助他，而不是嫌棄他。我們去幫幫他好嗎？」

兒子點點頭，把阿諾普・庫馬爾遞給他的一元硬幣放到乞丐的討飯盆裡。

阿諾普・庫馬爾和兒子在動物園裡玩得很開心，當他們走過熱帶動物館時，兒子問了他一個問題：「爸爸，火焰蠑螈如果斷了四肢是可以重生的對嗎？」

阿諾普・庫馬爾回答說：「是的，牠具有一種『特異功能』，當牠的肢體被切斷時，不久之後會重新長出新的肢體。」

「那牠的『特異功能』能不能讓剛才那個叔叔也學習一下呢？」孩子天真地看著阿諾普．庫馬爾，期待著爸爸的回答。

這個天真的問題在阿諾普．庫馬爾的心裡激起了千重浪，做為一個研究人體的專家，他見過太多的斷肢傷患，也知道他們心裡的痛苦，如果真的能研究出讓斷肢再生的方法，無疑可以救助很多人。

回到學校的阿諾普．庫馬爾立即投入實驗中，經過研究，他發現火焰蠑螈所具有的肢體重生能力，主要源自一種叫做 nAG 的蛋白質分子，這種蛋白質有助於火焰蠑螈幹細胞的刺激繁殖，最終生出新的肢體。

參與這項實驗的工作人員，曾對記者解釋說：「火焰蠑螈的胚基細胞在斷肢點能夠重新發育生長，並且依照之前肢體的模型，分離出相同形狀的趾節。如果有一天這項重生技術應用於人體醫學領域，如某位患者的手腕被切除，新的細胞組織能夠發育生長出新的手。」

在實驗中，阿諾普．庫馬爾及研究小組同事，將一隻紅色火焰蠑螈的肢體和附著的神經組織進行切除，這些神經是刺激 nAG 蛋白質生長的必要組織，因此火焰蠑螈 nAG 蛋白質生成的來源也被切斷了。之後他們採用電脈衝對斷肢點進行電擊刺激，並向 nAG 蛋白質送遞很少的 DNA 攜載基因，經過三十～四十天，火焰蠑螈之前的斷肢重生，肢體上的所有腳趾也都復原了。但是新的肢體比最初肢體的肌肉組織要少一些。這證實了 nAG 蛋白質分子對胚基細胞產生直接作用，導致斷肢點能夠重新生長出新的肢體和趾節。

雖然取得了一些成績，但人體肢體再生的研究還是有漫長的路要走。

IN視角

事實上，阿諾普・庫馬爾不是第一個進行肢體再生實驗的人，早在很多年前，美國辛辛那提市一位男子，在一次意外事故中失去了一段指尖，後來他採用豬膀胱做為肢體嫁接物質進行手指重生。六個星期之後，他原來失去那一段指尖，竟奇蹟般地生長出來，雖然這只有一小段手指重生，而且這是一項個例醫學案例，但這卻為人類肢體重生帶來了希望。但遺憾的是，一些政府明令禁止，幹細胞研究用於重生醫學領域以及私人性質的幹細胞研究，這也使得該領域的研究道路，仍十分漫長。

10 一半是機器一半是人

◎快眼看實驗

地點：英國的雷丁大學。
時間：一九九八年起。
主持人：凱文．瓦立克。
目標：將自己變成電子人。
特點：死了也要變成機器人。
脫線指數：★★★★★
可模仿指數：★（珍愛生命，遠離電子人。）

◎全實驗再現

眾所周知，我們每個存活於世界上的人，都是精子和卵子結合的產物。英國頂尖科學家凱文·瓦立克自然也不例外，只不過他想要的不僅僅是健康的肉身，而是讓自己變成一個電子人。

電子人，也就是人與機器的結合，這是科幻小說中經常能看到的橋段，但凱文·瓦立克卻想把他變為現實。由於他大膽地將電腦晶片植入身體，也因此被稱為「世界上第一個電子人」。

一九九八年，凱文·瓦立克將妻子帶到他的工作場所，向她展示他的成果：大門在他面前會自動打開，實驗室的燈也會隨他的出現而自動亮起，當他走到電腦前，電腦還會向他說：「你好！凱文·瓦立克教授。」

妻子目瞪口呆，她反覆在凱文·瓦立克身上尋找遙控器，但結果讓她失望了。

「這太神奇了！你看起來就像是能控制世界的神明，你是怎麼做到的？」妻子感慨地問道。

凱文·瓦立克哈哈大笑起來，挽起袖筒對妻子說：「我在手臂的皮下組織，植入了一個識別晶片，當我走在實驗樓裡，實驗樓裡的電腦，會利用這塊識別晶片發出的信號而知道我的位置，從而做出相應的反應。」

這個小實驗震驚了全世界，二〇〇〇年，凱文·瓦立克不但獲得美國麻省理工學院頒發的「未來衛生科技」獎，而且在英國皇家科學院發表聖誕演說。

但這僅僅是他邁向「電子人」的第一步，凱文．瓦立克認為識別晶片雖然植入左臂，但是未與神經連接，因此算不上人機合一。在二〇〇二年，他在牛津接受手術，成為世界上人機合一的第一人。醫生將一塊邊長為三毫米的晶片植入他左腕皮下，晶片上一百多個電極與他手臂主神經相連，以接收神經脈衝信號。晶片再透過直接連接或無線電連接方式，把神經脈衝信號發送給電腦和智慧化設備。

這下，凱文．瓦立克能展示給妻子和世人的奇蹟就更多了。在一段記錄他行為的影片裡，他手指運動，能指揮一旁的機械手開合自如；他進入智慧屋，開關電燈、警報器不用動手、動口；他能夠透過網路，利用思維來控制電動輪椅，和在某些實驗中遠端操作實驗室中的一隻假手；他利用這頂帽子上的感測器，透過植入的電極將電信號發送回大腦中，這樣他即使看不見，也能夠感覺到物體的存在……

同時，凱文．瓦立克的妻子伊琳娜也在手腕裡植入晶片，以嘗試在人與人之間進行電子信號轉移。當凱文．瓦立克抓緊拳頭時，伊琳娜也會做出同樣的動作，反之也一樣。

凱文．瓦立克曾經計畫在未來的實驗中，將電極植入他的大腦中。但是，考慮到手術的風險太高，他決定等到年老時再實施這一計畫，因為他現在還不想和這個世界說拜拜。

不管世人願不願意人機合一，凱文．瓦立克在上海開講「科學與探索」系列講座時，借用電影《終結者》主角一句話表明自己的態度：「我會回來的！」

IN視角

儘管因為自己的實驗而聞名世界，但瓦立克受到的批評也不少，外界指責他實際上是個炫耀者而不是科學家。一些批評人士，甚至指責瓦立克的創造性思維能力，已經超過了他的科學能力。這些批評者宣稱，瓦立克在自我宣傳方面的確有一套，可是，由於他拿不出有意義的資料，所以，從某種程度上說，他是控制論領域的一塊笑料。但瓦立克本人堅信，人類總有一天能讓肉體跟機器相合併，心律調節器、耳蝸式助聽器就是最好的佐證。

11 以科學為名，和自己過不去

◎快眼看實驗

地點：法國私人實驗室。

時間：一八八九年五月十五日。

主持人：查理斯．愛德華．布朗．西廓。

目標：實驗狗精液和人體交融的結果。

特點：怎麼瘋狂怎麼來。

脫線指數：★★★★

可模仿指數：★（凡夫俗子還是放過自己吧！）

◎全實驗再現

精液，是指雄性動物或人類男性在射精時，從尿道中射排出體外的液體。按照這個概念，我們不難推斷，雄性動物或人類男性都有其自己的精液。但是，將動物的精液融入到人體內，你能想像會發生什麼樣的事情嗎？

查理斯・愛德華・布朗・西廓是享有盛名的法國醫學家，他的一生對法國醫學界，做出過不可磨滅的貢獻，但這位醫生在老年時，做出的一個實驗，卻將他一生的名譽都毀了。

那是一八八九年五月的一天，查理斯・愛德華・布朗・西廓將自己鎖在實驗室中，這個實驗他做得極其隱密，誰都不讓他知道，連他最得意的助手都不瞭解這次實驗的過程和目的。

查理斯・愛德華・布朗・西廓的這次實驗整整進行了一早晨，即便是年輕人，進行一早晨的實驗也會覺得筋疲力盡，但當這個年過古稀的老醫學家從實驗室裡出來的時候，顯示出的狀態卻是神采奕奕。

這個神祕的實驗直到做完，也沒有向親人和助手宣布實驗過程，查理斯・愛德華・布朗・西廓身邊的人只覺得那天實驗之後，查理斯・愛德華・布朗・西廓變得更有精神，時常呈現出年輕人的狀態。

一個月後，查理斯・愛德華・布朗・西廓主動邀約媒體對於這次實驗進行報導，節目播出後，一時之間人們對這位老醫學家褒貶不一。

查理斯・愛德華・布朗・西廓的實驗步驟說起來很簡單，他在自己的實驗室中，先是將一隻狗的睪丸搗碎，接著，將其精液和精囊腺混合在一起，然後用水稀釋，注入自己左臂的靜脈。

他希望能透過這種方式，贏得更年輕的力量根源。

而查理斯．愛德華．布朗．西廓本人面對媒體也爆料說，自己能夠更長時間地工作，或是更快地爬樓梯。這位年逾古稀的醫生甚至還表示，自己的性能力都有了改善。

不過，很快有一些科學家面對媒體提出自己的質疑，他們懷疑查理斯．愛德華．布朗．西廓的「重返年輕」不是狗精液的效果，而是一種安慰劑效應。查理斯．愛德華．布朗．西廓本人相信，年輕狗的精液能給他帶來更年輕的體驗，於是在心裡催眠了自己，使自己呈現出暫時的年輕狀態。

不管同行們或者媒體怎麼評價，查理斯．愛德華．布朗．西廓的實驗，還是引起了全社會的關注，很多人慕名前來，想要做同樣的實驗，卻都被查理斯．愛德華．布朗．西廓拒絕了。但他的拒絕並沒有能阻止想要恢復年輕狀態的人群的熱情，很多人模仿他的實驗，在自己身上也注射了同樣的液體，不幸的是，很多人因此得了敗血症。

IN 視角

科學研究從來就不是一件輕鬆簡單的事情，特別是在條件艱苦的時候，科學家們為此付出的努力，往往是常人難以想像的。雖然查理斯·愛德華·布朗·西廓做的這個實驗，一方面出於自身的考量，一方面又太過於噁心，但他不顧生命危險，拿自己身體做實驗，對於科學真理的探究精神，還是值得讚賞的。

12 戴上頭盔，和上帝通話

◎快眼看實驗

地點：加拿大勞倫森大學。
時間：二十世紀八〇年代。
主持人：邁克爾．波辛格。
目標：活著見到上帝。
特點：戴上改制的摩托車頭盔，你就能看到上帝或者死去的親人。
脫線指數：★★★★★
可模仿指數：★★★（高手在民間，社交網站上已經有自製上帝頭盔出售。）

◎全實驗再現

世界上最痛苦的事情，莫過於白髮人送黑髮人，對已年逾古稀的傑克森來說，最大的心願就是能在離開人世之前，再見一次自己的兒子。可是，人死不能復生，誰都沒有辦法完成他的這個願望。

二十世紀八〇年代的一天，傑克森突然在報紙上看到了一則廣告，上面寫著：如果您想見到自己已逝的親人或者是上帝，請聯繫邁克爾．波辛格教授的實驗室，我們能完成您的願望。

這則廣告徹底勾起了傑克森心中的慾望，他放下報紙就來到了邁克爾．波辛格教授的實驗室。

邁克爾．波辛格是加拿大勞倫森大學的神經學系教授，他熱情地招待了傑克森，將他帶到一個空蕩蕩的房間裡，讓他戴上一個看起來像是摩托車頭盔一樣的東西，然後就離開了。

等到兩個小時之後，傑克森從房間裡走了出來，老淚縱橫地拉住邁克爾．波辛格教授的手：「感謝您，我沒想到在死掉之前，還能再見一次我的兒子，他告訴我，他在天堂過得很好。」

邁克爾．波辛格教授點點頭：「這正是我發明上帝頭盔的初衷。」

「上帝頭盔」實驗是基於 RTMS 為基礎的，這個經過改裝的摩托車頭盔，能透過電磁波針對性地影響大腦中的特定區域中顳葉區（太陽穴部位），使神經細胞的活動增強。據邁克爾．波辛格教授描述，透過這種方式，參與者會產生瀕死體驗，如亮光、上帝現身，或者像傑克森這樣見到已故親人。

邁克爾．波辛格教授的這個實驗，很快就在科學界引起了關注，很多想要見到上帝的人紛紛來到他的實驗室進行實驗。邁克爾．波辛格教授對採訪媒體稱，至少有百分之八十的參與者出現了宗教體驗，他們在本來只有一人的房間裡，都感覺到了另外有神祕人物的出現。不過，他們的感受各不相同，有的說是看到了他們最想見到的上帝，有的說是見到了已經去世的熟人。

出名的同時，邁克爾．波辛格教授的實驗也遭到了質疑，以批評宗教著稱的無神論者理查．達金斯毛遂自薦，主動提出測試波辛格的「上帝頭盔」。實驗後，達金斯在接受英國廣播公司採訪時承認，他覺得非常失望，他並沒有體驗到與宇宙的交流，或其他一些精神感受。值得一提的是，一個以前經歷過瀕死體驗的人，也接受了波辛格「上帝頭盔」的測試，也沒有得到他想要的結果。

IN 視角

在很多年後，一些科學家動用了神經成像技術，來觀察在宗教體驗時，大腦各個部位活動與常態的差別。他們將放射性顯跡物注入一個佛教徒的血液，然後在佛教徒完全入定後，對大腦中血流分布進行成像。結果發現，除了預期的中顳葉區的超常活動外，主管時空感的顱頂葉皮層活動幾乎完全停止。沒有了時空感，人就喪失了自我感覺。一些宗教儀式，便是有意使信徒喪失時空感、喪失自我，感覺和一個博大神祕的物件融為一體，從而得到強烈的宗教體驗。

13

「我曾有一個猴妹妹」

◎快眼看實驗

地點：美國。

時間：一九三一年六月二十六日。

主持人：溫斯洛普·凱洛格。

目標：把猴子培養成人類。

特點：凱洛格想把猴子變成人類，卻把人類變成了猴子。

脫線指數：★★★

可模仿指數：★（孩子的童年只有一次，盡全力保護而不是破壞。）

◎全實驗再現

一九二七年，二十九歲的美國科學家溫斯洛普・凱洛格，無意中閱讀到一篇關於狼孩的報導，報導中提到兩個在狼群中長大的女孩，她們和狼一樣，無法直立行走，雙手只是做為爬行的輔助。當她們被發現並帶回人類社會後，儘管學會了直立行走，但夜間嚎叫、撲殺鳥類和吞嚥食物的習慣都沒能改變。

這篇報導中提到了專家的看法，專家認為這種現象的出現是因為狼孩的智力低下。但溫斯洛普・凱洛格卻不這麼認為，他覺得兩個女孩的怪異行為，完全是在環境的誘導下學習到的，和她們的智商完全沒有關係。為了驗證自己的假設，他發表論文說，把一個智力正常的孩子扔到荒郊野外，分析他的行為是絕對有必要的。

論文一發表就引起了軒然大波，最終，人們都認為科學不能逾越道德和法律的限制，堅決抵制溫斯洛普・凱洛格做類似的研究。

既然不能把人類的孩子放到荒郊野外，那麼把動物的孩子放到人類中生活呢？

一九三一年六月二十六日，溫斯洛普・凱洛格在徵得妻子的同意後，將一隻只有七個月大的猴寶寶接到自己家中，為她取名古亞。他對妻子說，古亞不能被當成寵物，而要把她視為家裡的成員，和自己剛滿九個月的兒子唐納德同等對待。

在接下來的一年內，溫斯洛普・凱洛格家裡經常會出現這樣的場景：溫斯洛普・凱洛格的妻子推著嬰兒車到院子中散步，嬰兒車中坐著他們的兒子和猴寶寶古亞；在吃飯的時候，飯桌旁放著古亞和唐納德的小座位，兩個孩子一起學習如何用勺子吃飯，一起學習如何上廁所；溫斯洛普．凱洛格的妻子每天會為兩個孩子量體重、血壓和身高；甚至在週末的時候，一些家長還會帶著自己的孩子來和古亞、唐納德一起玩。

溫斯洛普．凱洛格對媒體說，他希望能透過這次的實驗，徹底澄清在動物的成長（包括人類）過程中，是本性還是學習，是環境還是遺傳發揮決定性的作用。如果猴子沒有和孩子一起成長，那就是本性發揮決定性作用；如果他們能一起長大，那就是環境的力量發揮了作用。

這次偉大的實驗只持續了九個月的時間，在這段時間裡，溫斯洛普．凱洛格做過一次關於驚嚇反應的實驗。他用仿真玩具手槍，在兩個孩子背後發出聲音，孩子們的反應相似。但不幸的是，古亞很快學到了這個「本領」，和別的孩子一起玩耍不開心時，她用仿真玩具手槍嚇別的小朋友。

在九個月的實驗時間中，古亞的成長是有目共睹的，她比唐納德更聽話，會用親吻請求原諒，在上廁所之前，她也會提醒自己的「媽媽」。當溫斯洛普．凱洛格把餅乾吊在天花板上搖晃，她比唐納德更快地反應出要使用椅子。

在這九個月中，唐納德只學會了三個單字，而他同齡的孩子早就學會了超過九十個單字，並能準確地用這些單字造句。在和古亞的相處中，他也很好地扮演了模仿者的角色。古亞發現玩具新的玩法，他會去模仿，甚至會為了得到一個橘子而發出和古亞一樣的喘息聲。

溫斯洛普．凱洛格這才悲哀地發現，想把古亞變成人，沒想到卻把兒子唐納德變成了猴子。

溫斯洛普．凱洛格的實驗，受到了許多科學家的批判，很多民眾也認為他是故意譁眾取寵。他自己在《猿猴與兒童》一書中寫道：「這樣的研究行為需要一個勇敢的科學家，他能夠面對一切因無法理解而將實驗歸於荒唐的評判。」

《猿猴與兒童》出版後，溫斯洛普．凱洛格便將自己的研究方向轉向了其他領域。

IN視角

很難說溫斯洛普．凱洛格的實驗，到底對古亞和唐納德造成了怎樣的影響。他的兒子唐納德在實驗後迅速回歸人類社會，後來考上哈佛大學，畢業後成為一名精神科醫生。在一九七二年，享年七十四歲的溫斯洛普．凱洛格去世，一個月後他的妻子也去世了。唐納德在父母雙雙離世後選擇了自殺。而他的猴妹妹，在實驗結束就被送回到自己的親生母親身邊，一個月後就去世了。

14 愛挖屍體的科學怪人

◎快眼看實驗

地點：德國達姆施塔特附近的弗蘭肯斯坦城堡。

時間：一六七三年～一七三四年。

主持人：約翰・康拉德・迪普爾。

目標：尋找長生不老藥。

特點：從屍體裡尋找可以製造生命的材料。

脫線指數：★★★★★（絕對是人間指數級最高的奇葩科學怪人！）

可模仿指數：零（奉勸大家連想要模仿的念頭都不要有！）

◎全實驗再現

漆黑的夜空裡，唯有暗夜的星和朦朧的月，在德國達姆施塔特附近的一處墓地裡，傳來了窸窸窣窣的聲音。

一個新建的墓碑旁有個黑色的影子，此時正舉著一把鐵鍬將墓穴旁的鬆土鏟回墓穴中，鬆土旁則是剛從墓穴中挖出的新鮮屍體。

掩埋好墓穴，黑衣人扛起屍體放進汽車後車廂，很快就消失在了夜色中。

二十分鐘後，城郊一處巨大的城堡中，仍有處房屋的地下室內閃著微弱的燈光，燈光下，赫然正是剛從墓地趕回來的黑衣人。他眼裡有著狂熱的亮光，一旁的手術臺上擺著那具新鮮的屍體。

地下室另一邊的角落裡，有口架起的大鐵鍋，裡面的半鍋水已經差不多燒開了，還有根長長的試管連接著一臺巨大的蒸餾器。黑衣人將屍體肢解成小塊，一股腦兒放入了鐵鍋中，等待了半個小時，那臺蒸餾器中滴下了油脂狀的物體。

地下室裡一排透明櫃子裡，整齊地排放著不同的拼裝屍體，竟然是由不同的屍體部分組成的人類的樣子！而屍體旁還有一排小的玻璃瓶，裡面是各種泡著福馬林的動物器官及骨頭。

這個舉止怪異的人叫約翰·康拉德·迪普爾，而這個恐怖詭異到令人毛骨悚然的地下室，就是迪普爾長年進行科學實驗的地方。

迪普爾從小就出生在這個叫做弗蘭肯斯坦的城堡，當時他已經是德國小有名氣的解剖學家和哲學家，但不為人知的是，他最熱衷的並不是救死扶傷或者吟詩，而是去偷竊墳墓裡的屍體，將他們肢解並在大鍋裡煮。而這一系列恐怖的行為，只是因為迪普爾一直深信這世間有長生不老的藥物，或者說有可以透過人工的方式創造生命的途徑。

迪普爾將人類的屍體和動物屍體裡的血液、骨骼以及毛髮等都混合在一起，透過蒸餾提煉，產出了一種色彩詭異的液體，他興奮地取了個叫做「迪普爾神油」的名字，並開始公開叫賣出售。一開始，人們都一窩蜂地購買，但有人覺得味道非常奇怪，甚至有人在液體中，發現了沒有處理完全的人類小指骨，頓時整個弗蘭肯斯坦都喧嘩了起來！人們憤怒地指責迪普爾，建議絞死他。這時又有人告發迪普爾長年偷竊屍體的行為，就這樣，迪普爾從受人尊敬的醫生，變成了人人喊打的過街老鼠。

迪普爾被趕出了從小生活長大的弗蘭肯斯坦，棲居在墓地不遠處的一處破屋裡，但最讓他傷心的，並不是離開城堡，而是那些耗費他多年苦心，四處搜尋材料建成的實驗室。

那些屍體都被人們一把火燒光了，實驗室也被砸得稀爛，人們藉此宣洩著自己內心恐懼和憤怒。人們認為迪普爾是惡魔在世，若是上帝知道了他的行徑，會給整個弗蘭肯斯坦城堡帶來永世的厄運。

IN視角

雖然世間偉大的人，都有著陰暗的不為人知的祕密，但是這位科學家既然已經擁有哲學家、煉金術師、醫生這麼多美好的頭銜，卻為何還是無法滿足地，要去探索黑暗的世界呢？人類對於未知的好奇，有時真是害死人！迪普爾的死也是被自己的好奇害的，暫且算他死得其所吧！

15 殘酷的飢餓實驗

◎快眼看實驗

地點：明尼蘇達州聖保羅大學。

時間：一九四四年十一月十九日～一九四五年十月二十日。

主持人：安塞爾・凱斯。

目標：飢餓對人類產生的影響。

特點：人為製造長期的飢餓狀態。

脫線指數：★★★★★

可模仿指數：★★（雖說減肥不變的真理是要少吃，但是這個實驗也實在太過殘忍，吃貨們怎麼活啊！）

◎全實驗再現

「一九四五年六月十二日，控制飲食攝入階段的第四個月，已經有人開始表現出與平日人格截然不同的行為特徵。

萊斯利今日要去餐廳做實驗，由於我們設定的同伴原則，他邀請了默克和他同行。在餐廳裡，他們盯住了一位穿著考究的女士，那位女士坐了很久，只點了一份義大利麵卻沒吃幾口，芝士蛋糕也剩了一半，看起來像有心事的樣子。

萊斯利和默克在女士離開餐廳時衝上前，以世界饑荒的現狀來指責她對食物的浪費，那個女士大叫著跑開了。

他們並不知道我開車在附近跟著，我只是想確認他們是否可以承受得住誘惑，儘管他們經過考驗，但怒氣卻一直沒有消，兩人不停地咒罵著直到回到實驗室。」

以上是來自安塞爾·凱斯在他的日記本中的紀錄。

當時，他已經是小有名氣的生物學家，他為軍隊檢測士兵們的食品包，分析研究什麼樣的食品會導致士兵的疲勞及營養流失。戰後，他轉向為研究半飢餓狀態會對人們產生怎樣的影響。

凱斯找到相關機構合作，讓他們發起了一項活動，並在傳單上印有「你願意為了讓別人吃得更好而挨餓嗎？」很快有一百多個拒服兵役的人報名了此項活動，經過篩選，留下了三十六人，並將他們帶入大學裡設置的實驗住所。

整個實驗分三個階段：第一階段三個月，以觀察人們正常進食的細節；第二階段為時五個月，每天參與實驗的人們只能分得兩餐，一餐在早上八點半，另一餐是下午五點，而他們僅能進食麵包、胡蘿蔔、捲心菜以及馬鈴薯，這些都是按照歐洲當時的饑荒飲食來設置的；最後有三個月做為恢復期，給人們恢復到他們之前的正常進食份量。

很多人都在實驗中，表現出不同程度的情緒低落、易怒以及痛苦，他們體重下降、頭髮脫落的細節都被記錄了下來，甚至有人在他們的每日紀錄裡寫下了想要吃人的想法！這是個看起來很殘忍的實驗，參與實驗的人，很多結束後改行去做了與食物相關的工作。

儘管有很多人在討論著安塞爾・凱斯的做法，是否遊走在倫理道德的邊緣，但是凱斯的確沒有強迫任何人來參與這項實驗。

更為有趣的是，這項耗時近一年的實驗，被很多參與實驗的人，稱為自己一生中最為重大的事件，並且很多還保持著定期聚會交流的習慣。儘管他們已經恢復了正常的身體功能，依然還是時常有曾經那種飢餓的感覺，甚至有人吃吐了還會繼續進食，生怕哪天又再次回到無法吃飽的日子。

如此看來，凱斯的飢餓試驗，對於被試者的心理摧殘遠超過對他們胃的傷害。

IN視角

聽聞印度有寺院開設「內觀」課，前去的人需放棄一切與世俗有關的東西，例如現金、手機、電子設備、華麗的衣物等，統一歸寺院保管。而在內觀過程中，多為七天，需穿僧服，與僧侶同步進行齋坐誦經，不得彼此交流講話，只與自己的內心對話。這看起來就像凱斯的飢餓實驗一般，強行讓人們從眾多的焦點中，轉移到對單一事件的關注。

16

大便迷你人

◎快眼看實驗

地點：瑞士蘇黎世。

時間：歐洲文藝復興時期。

主持人：帕拉塞爾蘇斯（即菲力浦・提歐弗拉斯圖・奧利歐盧・邦巴斯圖・馮・海因赫姆）。

目標：創造人工的生命。

特點：煉金術的方法造個迷你人。

脫線指數：★★★★

可模仿指數：★（其實不該推薦模仿！可是若有無聊人士，真心能忍住噁心嘗試且成功的話，請一定告知！）

◎全實驗再現

昏暗的實驗室裡瀰漫著腐臭的味道，桌子上擺滿了透明的玻璃燒瓶，燒瓶裡有些放的是綠色的草藥，有些放的是動物和人的糞便，還有些半透明黏糊糊的，竟然是人類的精液！

這些外人看來令人作嘔的東西，在帕拉塞爾蘇斯心中，卻是最為神聖美妙的東西！

做為文藝復興時期，享譽盛名的煉金術師和醫師，帕拉塞爾蘇斯一生最大的夢想，就是能夠將他所擅長的煉金術和自然醫學結合起來，創造一種新的醫學化學科學。那些在別人眼裡神祕的煉金術對他來說，只是把天然原料轉變為能對人類有好處的一門科學而已。

帕拉塞爾蘇斯總是覺得女性的體液會污染新生的嬰兒，甚至嬰兒正在孕育時，就已經處於被污染的環境中，他並不希望人類是這樣的產生過程，於是進行各種實驗研究，希望尋找到可以製造出純潔乾淨的嬰兒的方法。

最終，他發現了可以人工造出人的方法。

帕拉塞爾蘇斯每天收集自己的精液以及糞便，將其存儲起來，到達一定的量後，連同一些草藥一起裝入燒瓶密封。在實驗室的角落有一堆馬糞，馬糞堆裡有很多個這樣的玻璃燒瓶，四十天後，瓶中會出現半透明的人形物體。

馬糞堆旁陰暗卻溫暖的角落裡，有三個玻璃燒瓶已經有了半透明的人形物體，但是很虛幻。帕拉塞爾蘇斯每天要將活人的鮮血注入燒瓶中，期待人形物體長出人類的血肉來。他每天都在期待這些燒瓶中能有他設想的小人真正出現，若是旁人看到他注視那些燒瓶的狂熱眼神一定會嚇到。

帕拉塞爾蘇斯進行這個製造迷你自己的實驗已經三年了，仍是沒有一例能夠成功，要嘛半途中燒瓶破了，要嘛沒有半透明人形物體生成。最為接近的一次，他看到燒瓶裡的小人似乎已經成型了，一激動打開燒瓶又立刻消散了！

「成了！成了！終於成了！哦，天啊！我的小傢伙，你是如此純淨！如此美妙！」

這一次，經過四十個星期每天鮮血的餵養，帕拉塞爾蘇斯終於成功製造出一個可以算是人類的生命。他激動萬分，儘管這個生命看起來只是像個迷你版的兒童，無法說話、無法移動、無法做任何事，但是可以張開小小的眼睛看向帕拉塞爾蘇斯。

帕拉塞爾蘇斯為迷你小人取名為何蒙庫魯茲，意思是煉金術師創造出的人工生命，並滿懷期待地想要撫養這個小人。可是突如其來的變故就在此時發生，帕拉塞爾蘇斯在激動中竟然暈厥過去，再也沒有醒來！而據後來發現他的人描述，沒有看到什麼迷你的小人，只有一堆噁心泛著腐臭的玻璃燒瓶還在，而帕拉塞爾蘇斯臨死前，手中握的那個燒瓶也開了口，裡面空空如也。

IN視角

其實整個過程也就是想脫離男女結合的那個場景，以馬糞、燒瓶等類比人類子宮的狀態。

但是，真的可以成功嗎？若是真生成了迷你的小人，想想都是詭異的場景！歷史上的確有不少人進行過這樣的嘗試，但是這些為科學而如此敬業的科學家們，實在不知是該為你們驕傲還是唾棄。

17 精神病患者與天才的界限

◎快眼看實驗

地點：加州大學歐文分校。
時間：二〇〇五年十月。
主持人：詹姆斯．法倫。
目標：尋找大腦的解剖圖式與現實中心理變態傾向的聯繫。
特點：實驗中竟發現自己才是最佳實驗人選。
脫線指數：★★★★
可模仿指數：★★（值得模仿，但不得不擔心這隨時會爆的隱形炸彈！）

◎全實驗再現

法倫是加州大學有名的精神病學家，他對於人類大腦結構的瞭解，如同瞭解自家臥室裡床的擺放位置。《犯罪心理》的編導們經常找他客串劇中的角色，他的生活比一般人都要豐富多彩。

最近，大學裡又給他安排了一個專案指導，其實也是受《犯罪心理》的影響，隨著此劇的熱播，人們對心理變態以及連環殺手，都產生了濃烈的興趣，所以這個專案是給他分配了上千張歷史上被逮捕的那些連環殺手們的大腦掃描圖，讓他透過篩選研究，找出這些連環殺手的大腦解剖模式，與現實生活中心理變態傾向的聯繫。若是這個實驗能夠成功找出相關資料證實的話，將為美國犯罪率的下降，帶來巨大的貢獻。

這一天，陽光明媚，法倫哼著歌曲，選了個舒服的姿勢坐著，一張張瀏覽那些腦部掃描圖，有正常人的、精神分裂症患者的、沮喪患者的、連環殺手的掃描圖，他也把自己家人的腦掃描圖一起放在桌子上準備一會兒也看看。在這上千張的掃描圖中，他慢慢發現的確有不少是有共性的。正在記錄共性的時候，一張非常明顯呈現病態的掃描圖進入了他的視線，這張掃描圖明顯在特定區域的額葉以及顳葉，幾乎沒有活動的跡象，這樣的掃描圖，絕對可以證明這個人屬於精神分裂症的範疇。

法倫興奮地去翻找掃描圖，居然發現是他家族成員的那疊掃描圖裡的。他急忙跑去檢查了一下實驗室的 PET 機器是不是發生了故障，據他所知，家裡並沒有人有精神病的徵兆。結果發現，機器一切運行都是正常的，在驚奇之餘，他開始一張一張仔細翻看查找家族成員的腦部掃描圖，最後他震驚地發現：那張顯示精神病症狀的腦部掃描圖，竟然寫著一個他再熟悉不過的名字——詹姆斯．法倫！

直到回到家中，法倫都沒反應過來今天究竟發生了什麼事，母親看兒子魂不守舍的樣子，就問他發生了什麼事，法倫就把看到的腦掃描圖的事跟母親說了。誰知道母親卻說：「你之前還去參加那個什麼電視節目，我當時都不好意思說，你父親的家族的確有好幾個精神病患者！」

法倫跟母親探討了半天，才弄明白，引他進入心理學領域的那本書裡兒子弒母的原型，竟然是自己的祖先！而他的大家族細細查來，竟然出現過七個精神病殺手！其中就有美國歷史上臭名昭著的麗齊博登，那個在一八九二年，殺了自己父親和繼母的女殺手。據說自己家族內每三十年左右，就會出現有精神病基因遺傳的一代，而他這代剛好就在那個時間點上。

這些信息量對法倫來說實在太大，他用了一天的時間消化完之後，認真反思了自己的內心狀況，然後選擇上了 TED 節目，在全世界觀眾面前揭示了自己家族的故事。他說，「我是個討厭競爭的人，我並不會要求自己什麼比賽都要贏，我的確也會有很多咄咄逼人的時候，但這種時候我通常寧可和人家爭辯也不會掄起拳頭就上去。」「我的確有精神病的症狀潛伏，但我控制了自己行為，我從來沒有殺過人，或者強姦！我想可能是因為很多人都愛我，在我出生之前我母親多次流產，所以當我出世後所有人都對我很愛護，這種愛護保護了我，也讓我的那些暴力因子得到了控制。」

那次的TED節目，讓很多人都很印象深刻，當然也不乏有人認為法倫是在炒作自己，無論如何，這個被自己診斷為精神病患者的精神病學家，讓全世界為之震驚。

IN視角

這恐怕是科學史上最囧的時刻了，做為著名的精神病學家，平日裡都是診斷和治療別人的精神問題，有一天竟然發現自己才是最為合適的實驗人選，這種複雜的心情，想必一定是非常深刻的記憶。

18

記憶的密碼

◎快眼看實驗

地點：荷蘭阿納姆－奈梅亨大學。

時間：二〇一二年～二〇一三年。

主持人：Marijin Kroes。

目標：記憶重組。

特點：並不是徹底消除記憶，而是只消除那些不悅的記憶。

脫線指數：★★★★

可模仿指數：★★★（有可能電到只剩快樂回憶，也有可能電到自此癲癇不再正常，一切在於運氣。）

◎全實驗再現

偌大的醫院裡，少有人走動的氣息，只有空空蕩蕩的走廊和似乎永遠被人盯著的寒意。一陣清晰刺耳的腳步聲漸漸逼近，還有一輛推床輪子滑過地面的聲響，這些聲音都消失在走廊盡頭，幽暗燈光籠罩的一間手術室中。

推開那間詭異的手術室門，裡面竟然是一片純白，牆壁、地板彷彿都是拋光打磨過般潔白光滑，一排整齊的透明玻璃櫃，房間正中是一張白布覆蓋的手術床，床頭有個頭盔形狀的儀器，連接著各式各樣的線。此刻，正有一個人躺在手術床上，四肢都被固定在床邊，嘴也被塞住了，雙眼驚恐地看著醫生冷笑著將那個頭盔罩在了他的頭上，然後一陣電流通過，發出淒厲的慘叫……

是不是很熟悉的場景？

以上是很多電影中常見的鏡頭，就像《飛越瘋人院》一樣，通常手術後，那個病患就變成了白癡般的人，所以這是非常令人恐懼的電休克治療，用以消除人的記憶。

丁克是一名憂鬱症患者，他已經有六年的病史了，這種看不見、摸不著的病，折磨得他形銷骨立，在他清醒正常時，尋找了各種聲稱可以治療或是哪怕緩解的方法。當他看到傳單上寫著「還你一個純粹快樂的世界，免費參與治療」時，就義無反顧地報了名。

他來到一座大樓，裡面有一個自稱神經學家克勒斯的醫生以及一些護理人員，同時還有九名和他一樣前來參加免費治療的患者，但他們並不知道治療的方式。克勒斯見人都到齊了，就向大家詳細介紹了實驗的過程以及有可能產生的風險：「實驗當中會採用電休克的治療方法，就是會用電擊的方式來進行記憶的干預，如果成功，那將會消除你所有不開心的記憶，只留下快樂的記憶；若是失敗，也會面臨癲癇的風險。你們可以自行選擇！」

克勒斯的話，讓大家有些猶豫，經過一陣討論，有兩人選擇了退出，其餘的人都是備受各種精神折磨，哪怕有百分之一的機會也會去嘗試。

克勒斯讓護理人員將八個人分別帶入不同的房間，同時給他們播放了兩段看起來並不那麼美好的短片，一段是關於悽慘的車禍現場，另一段是殘忍的暴力事件。

短片播放完，克勒斯逐一給八個人進行了記憶測試，在他們對那兩段殘忍的短片進行回憶的同時，加入了電休克的治療方式，電流一遍遍通過受測者的大腦。

一天之後，在對八位受測者進行各項記憶測試時，發現他們對於那兩段短片的記憶變得模糊起來。

這一顛覆性的進展，讓克勒斯興奮不已，他帶領自己的團隊，已經在四十二名憂鬱症患者身上進行過嘗試，效果均很明顯。

於是，他聲稱電休克治療的核心是為了重組記憶，而不是完全把記憶抹去，只是會讓人記不住那些曾令人不悅或不安的記憶。

IN視角

若是真能把所有令人不悅或不安的記憶全部清除，只留下那些幸福美好的記憶，固然聽起來非常讓人期待，但仔細一想，很多並不美好的記憶，恰恰就是促進人類不斷進步成長的動力。若沒了它們，單純的快樂似乎並不是值得掛念，長此以往，恐怕是快樂也會變成令人不悅的記憶，所有的努力就都白費了。克勒斯的實驗重點在於並沒有清除記憶，只是妨礙了記憶的重組，倒是個新鮮的領域和方向，在現在浮躁的社會中，似乎如同救命稻草般歡愉地向人們招手。

19 起死回生的尷尬

◎快眼看實驗

地點：美國加利福尼亞大學。

時間：一九三四年～一九三五年。

主持人：羅伯特．科尼什。

目標：起死回生。

特點：令人興奮的實驗設想卻被扼殺在了萌芽中。

脫線指數：★★★★★

可模仿指數：★（首先這是技術活不好學，其次實驗對象實在太難找，奉勸大家果斷放棄！）

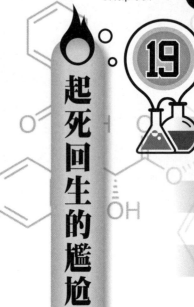

◎全實驗再現

美國加利福尼亞大學，生物樓不遠處的一個隱密的小花園中，有人正推著鞦韆盪來盪去，可是鞦韆上坐的並不是可愛的小朋友，而是一隻完全趴著不動的狗，那副場景異常詭異。

推鞦韆的人叫羅伯特．科尼什，是加利福尼亞大學生物系的一位教授，而鞦韆上的，你完全猜不到！竟然是一隻死狗！那隻因窒息而死的狗，此刻正躺在鞦韆上盪來盪去，而這詭異的情景，被羅伯特教授解釋為「促進牠的血液循環」。

羅伯特．科尼什教授從小就是個醉心於新鮮事物的人，但他所關注的焦點，通常都是其他同齡人完全不感興趣的事情，這使得羅伯特．科尼什從小自己活動的機會多過與其他人的相處，別人也常在私底下以怪人來稱呼他。而從羅伯特．科尼什留在加利福尼亞大學擔任生物系教授之後，他更是把自己關注的焦點，放在了別人從來也沒想過的一個領域——起死回生。

這個聽起來十分不正常並且詭異的事情，卻讓羅伯特．科尼什狂熱地憧憬著，他先是給已經死亡的貓、狗類小動物，實施一系列實驗來完成自己的設想，比如之前看到的死狗盪鞦韆，促進血液循環，當然，他還會給動物屍體注射諸如腎上腺素或者抗凝血劑之類的藥物，輔助推拿按摩，還真被他成功了幾例！當他向別人展示那幾隻幸運的「復活」的貓、狗時，別人驚嘆的表情，讓羅伯特．科尼什更是增添了無比的信心。儘管大量的貓、狗屍體引來了同事及鄰居的投訴，但有幸「復活」的幸運兒們卻多活了幾個月。

羅伯特·科尼什並不滿足於只拿動物做實驗，他費盡心機找到了一家關押死囚犯的監獄。當監獄長在糾結這件事該如何處理時，羅伯特·科尼什已經開始找犯人宣講，尋找願意參與實驗的志願者了。羅伯特·科尼什的話，在那些已經完全失去了希望，只是等死的死囚犯中，無異於扔下了一枚重磅炸彈，當即就有一名死囚，堅決要求參與這個能夠讓他「起死回生」的實驗。

其實對監獄長而言，這些死囚在他眼裡是完全與他無關的「死人」，是否讓他們參與實驗也並不妨礙他，反而更為好奇，想要看到是不是這個瘋子一樣的教授，真的可以讓死人復活。但是法院方面在經歷了最初的震驚之後，迅速冷靜了下來，開始思考一個令人尷尬的問題：假設羅伯特·科尼什真的可以讓死人復活，那麼已經判決死刑的囚犯服刑後，法律該如何判定？若是把他再抓起來處死，那麼實在有違人性；可是若是放了他，那等於是給自己打臉，相當於刑罰完全沒有了意義。

糾結後，法院說服了監獄長，拒絕了羅伯特·科尼什的實驗請求。

IN視角

當時的法院方面，不知是知識過於貧乏，還是被那個消息震驚到失去了辨識能力，也有可能是沒有人發現那些復活後的貓、狗，腦部已經嚴重損傷。而這樣的損傷若是發生在人腦，死刑犯必然成了和諧無害的植物人。

所以，法院方面考慮的那些問題，真的是杞人憂天，生生打碎了一位，可能優秀到能夠「起死回生」的科學家的夢想。

20

一天的長度

◎快眼看實驗

地點：肯塔基州附近的猛獁洞窟。

時間：一九三八年。

主持人：克萊德曼。

目標：調整生理時鐘。

特點：暈暈乎乎，各種無果而終的實驗。

脫線指數：★★★

可模仿指數：★★★（若你自信意志夠頑強，體質更強壯，僅送上一句「祝你成功！」）

◎全實驗再現

凌晨四點半，世界陷於沉寂，難得的安靜下來，只零星仍有喧囂的聲響，在那些不夜城中迴響，若是此刻有衛星在地球上巡視，就會發現一處奇怪的角落：位於肯塔基州附近的一個約寬二十米、高八米、深六米的原始猛獁洞窟裡，竟也有嗨翻天的音樂和明亮的光。

年已不惑的克萊德曼是個怪人，他常常在自己身上做各式各樣奇怪的實驗，最近正著迷於要解開「為什麼一天必須是二十四小時？為什麼不能是一天四十八小時？」的困惑。這個正常人看來無語的問題，讓克萊德曼重新點燃了熱情，為了驗證自己的想法，他為自己設定了新的時間規劃。

克萊德曼先是強迫自己連續在一百八十個小時內不眠不休，結果自己還差點就此掛了。克萊德曼思考很久，猜想是自己一開始就太狠了，就調整了實驗方式，改為在三十九個小時內不休眠，做各種事情，當成白天，然後狂睡九個小時當成夜晚，結果不到一週，他就已經暈暈乎乎，分不清東南西北了，實驗又以無果而終止。

沮喪之餘，克萊德曼認為自己年齡大了，把一天拉長到四十八小時太誇張，就讓他年輕力壯的學生繼續進行實驗，將二十四小時一天的生理時鐘壓縮為十二個小時。他的學生每天要睡兩次，一次是凌晨四點到七點半，一次是下午的四點到七點半。一週過去了沒什麼事，兩週過去依然正常，克萊德曼心想這總能成功了吧！結果從第三週開始，學生的情緒明顯變得易怒、焦慮、壓抑，堅持到第三十三天，學生終於倒下了，實驗又一次無果而終。

這連續的失敗，對克萊德曼還是有一定打擊的，他一度懷疑自己是不是選錯了研究的方向，但心裡還是有個聲音不停地說：「再試一次！再試一次！」天生好奇心極強的克萊德曼又開始了新的嘗試。這一次，他做了靈活的調整，將一天改為二十一小時和二十八小時，二十一小時一天，也就意味著一週不再是七天而變成了八天，而二十八小時一天，則意味著一週變為六天。前面提到的猛瑪洞窟裡開舞會，就是克萊德曼進行的新實驗。

這次的實驗讓克萊德曼明顯感到身體的適應性在增強，他興奮地回去四處宣揚他的設想，可是人們已經對克萊德曼那些無果而終的實驗有了免疫，幾乎沒人相信他所說的。可憐的克萊德曼費盡了口舌，總算說服同為生物學家的同事，同意再嘗試一次他的實驗以確認。

隨後的一系列實驗，終於得到了證實，那就是人體內真的是有「生理時鐘」的存在。生理時鐘的運轉，基本和我們認知裡的一天二十四小時相符，不過每天都會根據實際的時間長短，進行自動的調整。

克萊德曼終於有了一次成功的實驗結果。

IN視角

雖說科學的成功都是建立在不斷失敗的基礎上，但克萊德曼也確實是個苦命的人，那些非常人能忍受的實驗，堅持了那麼久沒倒，卻總是不能讓實驗有個正常的happy ending，想必他心裡也有不少的苦悶。

科學家的偉大在於常人習以為常的事物，他們總會想辦法去探索是否還有其他的可能，正是這樣的好奇和不斷探索，讓科學不斷進步，人類也不斷發展。

克萊德曼以親身實踐告訴人們：只有你想不到，沒有你做不到！

21 渴望胃潰瘍的人

◎快眼看實驗

地點：澳大利亞珀斯的弗里曼特爾醫療中心實驗室。
時間：一九八三年九月～一九八四年七月。
主持人：巴里・馬歇爾。
目標：證明胃部炎症是細菌造成的。
特點：為證明自己的設想以身試法，忍常人所不能忍，最終獲得成功！
脫線指數：★★★★
可模仿指數：★★（若是有自虐傾向的讀者，敬請複製，絕對滿足你的期望！）

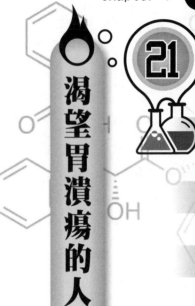

◎全實驗再現

巴里．馬歇爾最近的日子不大好過，眼看就要畢業了，可是依然沒有找到自己想要研究的課題。其他的同學都已經陸續進入研究正軌，這個一向自恃清高的未來醫學家究竟要何去何從，可真是個讓人頭痛的問題。導師已經問了他很多次究竟準備探索哪個領域，可是他總是無法給出清楚的答案。

這天，馬歇爾來到皇家珀斯醫療中心，希望能夠尋找到靈感，就誤打誤撞地進了羅賓．沃倫的辦公室，年過半百的沃倫是有名的病理學家，最喜歡教導那些愛學習的年輕人，從他們身上似乎能看到當年那個執著的自己。兩人交談甚歡，沃倫提到他最近在一項針對胃黏膜炎患者的細胞實驗裡，發現了一種不知名的細菌，覺得很有意思。這讓馬歇爾腦中突然靈光一現，彷彿抓住了些什麼，可是又說不清楚。

告別了沃倫，馬歇爾來到醫療中心的圖書館，想要瞭解一下沃倫提到的有趣的，不知名的細菌究竟是怎麼回事。結果，他驚異地發現，原來從上個世紀開始，就不斷有研究者在人類以及動物的胃中，發現類似的不知名的螺旋桿菌。馬歇爾興奮地告知沃倫，並建議沃倫給一名胃黏膜炎的病人使用抗菌素，結果發現不僅那種細菌消失了，連胃炎也同時消失了！兩人都很興奮，因為這有可能意味著，這種不知名的細菌不僅會引發胃炎，也有可能引發十二指腸潰瘍或是胃潰瘍。

回到學校，馬歇爾異常興奮，他最終選定了自己的課題——研究這種細菌假說，但由於他沒有任何證據，而他的說法又和當時流行的醫學觀點，有相違背的地方，開展起來並不順利。當時流行的醫學觀點認為導致胃病的原因是心理問題以及壓力，而不是什麼不知名的細菌。無法說服同學們的馬歇爾並沒有灰心，反而更加堅持，他告訴自己：「反正我也不是什麼著名的醫學家，只是個無名小卒，壓根兒就一無所有，沒損失自然就不怕，那就堅持到底！」

他在一個醫學研討會上，向世人宣布了自己的假說，但他那狂妄自負的表達以及毫無證據的推論，還是讓很多人都對他持有質疑的態度。

馬歇爾在各種動物身上做了各種實驗，但都以失敗告終，只剩下唯一的一條路，那就是人體試驗！可是當時壓根兒沒有人願意做他的志願者，別人都以為他會就此放棄這個瘋狂的實驗時，馬歇爾悄悄做了一個決定——自己做自己的實驗對象。

馬歇爾從一位六十六歲的胃病患者的胃裡，收集了大約十億細菌，混合到少量水中，每週二上午定時喝下。他的夫人有一次問他那是什麼，因為聞起來實在很像令人作嘔的生肉，他解釋說那是新研發出的強身健體的功能飲料。

一週後，馬歇爾的肚子開始總是咕嚕咕嚕地叫，兩週後，他夫人皺眉說：為什麼最近他嘴裡會有異味？有一位同事終於被他的精神所打動，主動協助他並從他的胃裡取出了實驗樣本。透過對實驗樣本的研究，三十三歲的馬歇爾終於如他所渴望的那般，感染了胃炎。而從他實驗樣本中分離的細菌，經過研究發現和最初他提取的是同一種細菌，這充分證明了他的假說。

憑藉對這個後來被稱為「幽門螺旋桿菌」的發現及一系列的實驗，馬歇爾讓醫學領域掀起了傳染病研究的風潮，並因此在二〇〇五年，獲得了諾貝爾生理或醫學獎。

IN視角

雖然這個實驗成功為今天的很多胃病患者找到了患病源頭，但巴里・馬歇爾為此做出那麼大的犧牲，萬一運氣不好，最後沒治好，那可真是為實驗獻身的烈士了。

22 開啟富豪拷貝模式

◎快眼看實驗

地點：不詳。

時間：一九七三年～一九八二年。

主持人：大衛・勒爾維克。

目標：複製人。

特點：寫書為證，真真假假不得知。

脫線指數：★★★★★

可模仿指數：★★★（複製的想法沒錯，可是複製後兩人位置的尷尬可得想清楚。）

◎全實驗再現

大衛．勒爾維克是《時代》週刊的科學記者，平時接觸的都是些奇奇怪怪的科學最前端的資訊，所以「新奇」這個詞，對他來說已經是稀鬆平常，很難真正引起他的好奇心了。

這一天，勒爾維克照常在蒙大拿州西部湖邊的度假小屋裡，邊休息邊想著最近主編催稿的那篇報導該從哪個角度來寫。突然，電話聲響起，勒爾維克想著肯定又是主編催稿了，無奈地接起電話。

「你好！是大衛．勒爾維克先生嗎？」電話那頭是個聽起來很蒼老的聲音。

「沒錯，我是大衛．勒爾維克，您是哪位？」勒爾維克有點奇怪地問。

「呵呵，我只是個心願未了的老人，之前閱讀過你的文章，有個忙想要請你幫。我是孤家寡人，一輩子賺了不少錢，可是如今很快也都用不上了，但畢竟是我辛苦一輩子得來的，還是放不下，我想請你幫我尋找一位合適的遺產繼承者。」老人緩緩道來。

勒爾維克覺得很有意思，當科學記者這麼久，還從來沒有過要找他幫忙找遺產繼承人的，因為這似乎並不屬於科學的領域。他又問了老人很多細節，可是對方都不肯透露，只聲稱自己是X先生，七十六歲，詳細情況一週後約在一個幽靜的咖啡廳見面詳談。

勒爾維克也莫名其妙為什麼這樣一通奇怪的電話，能引起自己那麼大的好奇心？似乎預感到背後會有什麼事情發生似的。一週後，他如約來到咖啡廳，只見一個遲暮的老人戴著鴨舌帽和墨鏡坐在角落裡，旁邊還有一根枴杖，他就是X先生。而勒爾維克與X先生交談的內容，才是真正讓他大吃一驚，慶幸自己相信了直覺！

原來X先生是個超級富豪，年輕時愛上一個姑娘，相戀多年那個姑娘生病去世後，之後他沒有娶妻，自然也一直沒有孩子。多年來，憑藉對戀人的思念倒也這麼過來了，可是如今他已然知道自己沒有幾年可活，突然覺得就自己這樣孤伶伶一個人走，世間什麼也不留下，很不甘心。

X先生知道勒爾維克是有名的科學記者，認識很多科學領域的能人，就提出花重金要他幫忙尋找一位有能力的醫生，來造出一個和他基因相同的孩子，或者說比他小七十歲的雙胞胎兄弟，若是能夠實現，多少錢他都願意給。

這個消息震驚了勒爾維克。

當時，「複製」這項技術也只是剛剛提出，是前陣子有位研究老鼠基因的科學家提出，也許有可能製造出基因相同的動物這個說法，而那篇文章正是他寫的。寫完之後，卻被主編狠狠教育了一番，理由是科學雜誌很嚴謹，只能寫確實的東西，而「複製」還僅僅只是個想法。結果也確實如主編預料，引起軒然大波，幾乎無一人支持這個說法。

勒爾維克答應了富翁的要求，為他找來一位願意幫忙的醫生，並四處奔波幫他找到了一個年僅十七歲，相貌與富翁曾經的戀人極為相似的女孩，做為承受他基因的載體。隨後，在夏威夷附近一個無名小島上經過幾年的努力，終於成功讓女孩子宮中孕育出了有富翁基因的孩子。

這本是皆大歡喜的結局，卻僅僅只是勒爾維克寫的一本科幻小說而已。儘管勒爾維克始終聲稱書中所有故事都是真實的，但在當時的社會卻難逃譴責訴訟，成名一時，終被科學史給遺忘了。

IN視角

早已不在人世的勒爾維克並不知道，一九九七年，複製羊「多莉」出生，成為世界上第一隻複製哺乳動物；二〇〇二年，世界上第一例複製人出生，也是在一個無名小島上進行的實驗。

這個時候，世人又開始討論勒爾維克的那本書，書中的很多細節給了科學家們新的思考，至於他寫的是真是假，至今仍爭論不休。

23 感冒病毒也感冒了

◎快眼看實驗

地點：法國地中海岸大學實驗室。

時間：二〇〇八年八月。

主持人：Jean-Michel Claverie。

目標：病毒是有生命的。

特點：用生命來感染病毒的病毒。

脫線指數：★★★

可模仿指數：★（用生命在戰鬥的精神值得學習，但是不值得鼓勵，否則做為宿主的你，可是扛不住了。）

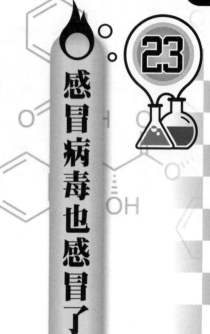

◎全實驗再現

Jean-Michel Claverie 博士是專門研究病毒的專家，他每天幾乎都待在實驗室裡，為此，他的太太多次抱怨 Claverie 博士不該與她結婚，而應該去和實驗室那些噁心的病毒們相守一輩子！Claverie 博士樂此不疲，因為他從小就好奇人體內的微觀世界。

最近，Claverie 博士又和太太吵了一架，為的還是那百年不變的主題，而 Claverie 博士正罹患感冒，還有點發燒，腦子本來就不太清醒，於是上演了他本不會做出的離家出走的舉動。

Claverie 博士暈暈乎乎地不知道走向哪裡，等反應過來，發現還是走到了每天都來的實驗室。他苦笑一下，心想，算了，反正明天還要來，不如就住在實驗室吧！

半夜，Claverie 博士發高燒，他在實驗室找了半天，找到兩顆退燒藥吃了下去。這時，他突然想到一個問題：體內的感冒病毒，究竟是怎麼進化消退的？反正閒著也是閒著，工作是緩解病痛的有效方法，他開始對體內提取的那些感冒病毒進行各種實驗。

通常，人類感冒是源自於感染細菌的病毒繁殖，而這類病毒被稱為噬菌體，感染他們的細菌則是變形蟲，也被稱為阿米巴。當 Claverie 博士對阿米巴病毒進行剖析實驗時，驚訝地發現這種病毒的內部，被另一種更小型的病毒給感染了，而這些小病毒居然是藉由大個的病毒生長的，就像自然界裡的寄生一般，但卻能寄生到成熟後脫離寄主繼續生長。

這一發現讓 Claverie 博士變得興奮起來，要知道，當時科學家廣泛爭論的一個論調正是探討「病毒是否是生物」這一假說，多數科學家都持否定態度，理由是病毒那麼微小，並不符合生物的定義。因為生物是要能夠自行繁殖才行，而幾乎所有的病毒，都是無法脫離宿主細胞自行繁殖的。

Claverie 博士發現的這種小病毒，竟然可以做到脫離宿主繼續生長，恰好證明病毒其實也是有生命的，因為小病毒讓大病毒生病感染了。

當 Claverie 博士對外提出這個結論的時候，大家都說實在是太令人驚異了，這種不知名的病毒從宿主——另一個病毒身上大量汲取養分生長後，混合了兩種病毒的基因，脫離宿主，繼續吸收其他微生物的基因做為養分。這從結果上來看，當用藥物針對病毒感染時，病毒的變異速度反而加快了。

《環球科學》雜誌是全世界專業的科學雜誌，二〇〇六年開始設立一個「十大科學新聞」的年度評選，Claverie 博士的這一發現，很快就進入了這項評選當中，做為「首個可以感染病毒的病毒」被命名為 Sputnik 病毒。

IN視角

今天很多人依然在生病時，本能地希望藉助於藥物或醫療手法來治癒或者緩解。但Claverie博士卻讓大家看到，實際上，越是吃藥治療，有可能越會讓病毒快速變異，加重病情。但對病人而言，其實是雙重宿主，聽聽這名字就覺得夠悲涼的了，希望醫學繼續發展，盡快找到可以真正有效解決病毒感染的方法。

24 大腦的極限

◎快眼看實驗

地點：美國賓夕法尼亞大學。

時間：二〇〇七年。

主持人：大衛・丁格斯。

目標：人類大腦注意力的極限時間。

特點：工作誠可貴，生命價更高！

脫線指數：★

可模仿指數：★★★（人的一生已經有三分之一都睡過去了，合理安排高效專注和高效睡眠才是王道！）

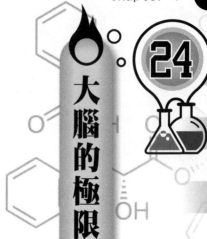

◎全實驗再現

漆黑的夜裡，一輛大貨車孤伶伶地在夜幕往前行駛著，慢悠悠的節奏看得出車上載有沉重的貨物。駕駛室裡只有一名駕駛員，帶著鴨舌帽，鬍子拉碴的樣子，一看就是奔波了幾天的長途車司機。在後視鏡下面掛著寫有他名字的證件，某某長途運輸公司駕駛員傑生。

此刻，傑生覺得自己真的是已經疲勞到極點了，要不是為了給生病的母親賺住院費，傑生才不會這麼折磨自己。他已經連續運了三天的貨物，除了十二個小時前，在卸貨的時候睡了兩個小時，就再也沒有闔過眼。

前方的路延伸著，像是永遠也沒有盡頭一般，大半夜確實也沒什麼車會從這條路經過。傑生看著大貨車微黃的燈光，在道路上一點一點挪動著，似乎有了重影般晃動，他用力晃晃腦袋，點燃一根菸，繼續咬牙向前。但是很快，他的視線就模糊了，大腦似乎不聽使喚一般，陷入了遲鈍的昏睡狀態。

等傑生再次睜開眼睛的時候，映入眼簾的是滿眼的白，他嘗試著挪動一下身體，卻發現渾身似乎散了架一般地痛。這讓他立刻清醒了，發現自己竟然是在一間病房裡。詢問之下，他才知道自己前一晚撞到了路旁的樹叢中，幸好當時行進速度很慢，又沒有其他的車輛經過，所以只是一些皮外傷而已。

給他治療的醫生叫大衛．丁格斯，聽說是個挺有名的睡眠專家。傑生也很納悶為什麼是個睡眠專家負責治療自己的病症，原來丁格斯最近在做一項龐大的實驗研究，目的是找出人類大腦注意力的極限時間有多久。而丁格斯發現，警覺是最容易讓人大腦產生疲勞的一個方面，而警覺通常都是醫生、卡車司機、發電廠操作員以及航班駕駛員等類似的職業最需要的能力。在工作狀態下，必須時刻保持精神高度集中的狀態，才能讓工作不出差錯，因為一旦出現任何差錯，很有可能是以付出生命為代價的。

人的大腦在清醒和睡眠時，就好比是一盞燈亮著和熄滅的狀態一樣，若是長時間亮著，燈泡會發燙，燈絲有可能突然就燒斷了，這個時候大腦就會出現瞬間的功能喪失現象，最容易產生各類事故。很多重大交通事故，都是來自司機的疲勞駕駛，所產生的大腦短路的那個瞬間。

丁格斯說他曾對二十四名成年人的大腦，進行核磁共振成像的監測，發現在一夜沒睡的情況下，被測者的大腦裡，很多區域都發生了明顯的類似這種瞬間功能喪失的現象，比如注意力的下降以及視覺處理程式的突然中斷等，而傑生當時的事故，就是視覺處理程式的突然中斷造成的。

IN視角

資料顯示，人的一生中，最少三分之一的時間都是睡過去的，在有其必要性的前提下，還是合理安排好睡眠和工作時間，睡個好覺，高效工作，才是每天快樂生活的終極指南。

25 破壞的本能

◎快眼看實驗

地點：美國加州。
時間：一九六九年。
主持人：菲力浦·津巴多。
目標：犯罪心理的產生。
特點：環境的改變造成可怕的連鎖反應。
脫線指數：★★★
可模仿指數：★★★（論操作方法絕對簡單容易複製，可是蒙蔽良心作案，還請三思再三思！）

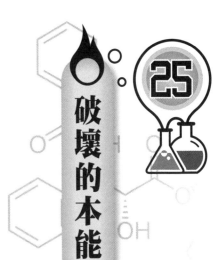

◎全實驗再現

加州帕洛阿爾托的街道上，停著一輛嶄新的轎車，在這個中產階級遍地的社區，這種車隨處可見。奇怪的是，一連幾天都沒有人來開走這輛車，似乎是無主之物。而紐約布朗克斯區的街道上，停著同款的一輛轎車，也是嶄新的外表，可惜沒有車牌，頂部車窗也是開著的，不知是哪個粗心的人著急留下的。

布朗克斯區是紐約一個比較雜亂的社區，周圍魚蛇混雜，很多小混混和牆上的塗鴉相得益彰，那輛嶄新的、沒了車牌的轎車，剛停在那裡不到六個小時，就已經有好幾票小混混藉機從車附近路過，觀察地形了。

「嘿！瞧啊！那輛車應該是沒有主人的，頂部的車窗還開著呢！要不我們開著去兜兜風吧……」一個長著黃頭髮的少年，對身邊的兩個朋友說。

三個人嘀咕了半天，然後趁著夜色，開著車出城兜風去了。

加州帕洛阿爾托區的那輛轎車，停了一個星期也仍然完好如初，一週後，一個身影在深夜將帕洛阿爾托區的那輛轎車，車窗玻璃敲了個大洞，第二天清晨，車子竟然神祕消失了。據稱，三天後在兩百公里外的城郊被人發現了，車身已經髒兮兮的難以辨認，兩邊的車窗玻璃都碎了，要不是車牌還在，大概都很難辨認出，這是那輛在加州帕洛阿爾托區的嶄新的轎車。

那個半夜敲車窗玻璃的身影，是赫赫有名的美國斯坦福大學心理學家菲力浦．津巴多，他做為一個長期在監獄進行犯罪心理研究的專家，此次實驗恰恰是為了驗證人類的犯罪心理的成因。

在這項實驗的基礎上，津巴多和犯罪學家凱琳共同提出了一個新的犯罪理論——破窗效應理論。並將其解釋為，若有人打破了一幢建築物的窗戶玻璃，而又沒有及時地進行維修的話，周圍的人有可能受到某些示範性的縱容，去打爛更多的窗戶玻璃，甚至可能有人登門入室偷竊，或是進行更為嚴重程度的犯罪行為。

津巴多說，當時特意選擇兩個不同的社區，並在一週後將那個本無人問津的車砸破玻璃，就是看看是否會引起那些小偷們的注意力，並讓他們放鬆警惕，認為那輛破了玻璃的車是可以被偷走的，果然成功了。事實證明，很多犯罪心理的產生，是源自於環境給予的「縱容」，像是暗示他們「沒事！做吧！反正已經有先例了！」尤其是城市中很多搶劫殺人之外的案件，甚至包括國家政府的腐敗案件，有不少都是由於「破窗理論」而產生。

IN視角

打破的一塊玻璃，似乎就像魔咒一般，對每一個覬覦的人說著：「來吧！來吧！你可以獲得更多！可以把我毀壞得更為徹底！」

津巴多的「破窗」，不僅是看得見的窗子，還是人心深處陰暗角落裡，那隔著良知的窗子，這扇窗一旦破了，恐怕是再也不能修補了。

26 孰是孰非的謀殺實驗

◎快眼看實驗

地點：柏林大學教室。

時間：一九〇一年。

主持人：斯特恩。

目標：庭審中證詞的可信度。

特點：演員入戲，觀眾驚恐。

脫線指數：★★★★★

可模仿指數：★（萬一觀眾有個三長兩短就沒辦法收場了，請珍愛生命，遠離瘋子！）

◎全實驗再現

柏林大學裡，那一座座因風吹雨淋，而變得有些破敗的古建築，在日光下低調地隱藏著光芒，訴說著一個個古老的故事。

此刻是上課的時間，很少有人在戶外走動。

突然，傳來一聲槍聲，在停頓了兩秒之後，心理學系大樓裡引起了軒然大波，學生們紛紛驚恐萬分地從大樓的安全出口向外跑，有的鞋子都跑掉了也不敢回頭去撿。不到十分鐘，整個大樓基本都空了，除了一個教室中，一個學生持槍仍保持著站立的姿勢，身邊則是斜躺在椅子上的另一個學生，胸前有著顯眼的紅色。

等等！那紅色看起來有點奇怪，鏡頭再拉近一點，原來是番茄沙司包擠破造成的假象！

此刻，那個持槍的學生顯然有點發傻，他喃喃自語道：「嚇我一跳！斯特恩教授沒說大家會有這麼大的反應，怎麼全跑了？」

回答他的竟是另一邊，原本應該「死」了的學生，他從椅子上爬起來，也有點鬱悶地說：「真討厭！都沒有好好看看我的演技，怎麼跑得那麼快！賈德，不會出什麼問題吧？斯特恩教授的這個實驗是不是有點過頭了？」

柏林大學的這幕場景，正是德國著名的心理學家斯特恩設計的一個實驗現場。斯特恩在研究記憶時遇到一個問題，在很多庭審現場，通常都會有證人被傳喚提供證詞，儘管證人們都會對天發誓自己所說的都是實情，但實際上，我們的記憶和大腦會不會蒙蔽或欺騙我們呢？帶著這個疑問，斯特恩設計了這個實驗，他找了學習犯罪偵查學的兩個學生來配合，故意在課堂上爭吵，然後其中一個拔槍向另一個射擊。

整個實驗過程，只有斯特恩和那兩個學生知道，其餘人都是不知情的觀眾。當員警後來進行筆錄的時候，他們在斯特恩的授意下，對目擊者進行了分組，其中兩人在事件當天晚上進行筆錄，一人在事件發生的第二天進行筆錄，九人在事件發生一週後進行筆錄，最後三個人在事隔五週之後，才對他們進行筆錄，斯特恩讓員警將筆錄的詢問過程，劃分為十五個片段，讓目擊者們回憶當時的細節。

「當時，賈德和傑伊突然在大家分組討論時爭吵起來，傑伊大罵賈德，甚至還問候了他的母親，賈德十分憤怒，對著傑伊開了一槍，打在他的左腹部。當時血流了一地，特別嚇人，接下來我們都跑了。」一週後進行筆錄的九人中，有人這麼回答。

「當時大家正在上課，賈德突然對傑伊開了一槍，傑伊捂著他的胃部，還向前走了兩步，但最後倒在了地上，地上全是血！」事隔五週後進行筆錄的三人中，有人這麼回答。

「天哪！噢天哪！太可怕了！我到現在還在發抖！當時賈德和傑伊不知道為什麼突然起了爭執，兩個人扭打了一陣子，賈德突然掏槍對傑伊開了一槍！天哪！什麼？槍射在哪裡？噢！讓我想想！我想不起來了！當時那個樣子太可怕了！」事發當天做筆錄的人如此回憶。

實際上，當時賈德和傑伊只是在課堂上突然起了爭執，扭打後賈德對傑伊開了一槍，射在右胸口，傑伊直接倒在了椅子上。

參加筆錄的十五個現場目擊證人，出錯率竟然高達百分之二十七到百分之八十！沒有一個人可以完整回憶起當時的所有細節！

IN視角

斯特恩真是個瘋狂的天才，能想到這個問題並且用這樣的方式來進行實驗，可是他似乎並沒有過多考慮這樣的實驗，對不知情的目擊者來說，是否會造成實驗之外的影響。當時，他的實驗的確讓法律庭審環節，開始重視現場證人的證詞可信度的評估，但毋庸置疑，大多數人對此實驗的態度仍然是持反對意見。其實完全可以理解，就算後來告知他們那只是個實驗，依然還是有人半夜會突然驚醒，以為又聽到了槍聲。

27 監獄裡的教授

◎快眼看實驗

地點：斯坦福大學心理系地下室。

時間：一九七一年春天。

主持人：菲力浦・津巴多。

目標：環境對人的影響力。

特點：好奇的開端，悽慘的結局。

脫線指數：★★★★★

可模仿指數：零（好奇害死貓！做出選擇前，請考慮道德倫理的深遠影響，而非僅僅滿足新鮮好奇。）

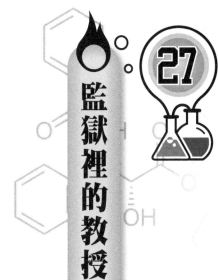

◎全實驗再現

斯坦福大學宿舍區警笛長鳴，學生們紛紛跑出宿舍觀看發生了什麼事，只看一群穿著警服，帶著警棍的校園巡警，從宿舍的不同樓層，逮捕了十一名男學生，據說是入室搶劫罪。被逮捕的學生帶著手銬，蒙著眼睛被關進了監獄。可是大家不知道的是，這個監獄竟然是位於斯坦福校內，某系教學樓的地下室內，三間帶門禁的囚禁室，一條九米長的走廊，四處都安有監視器。

進入走廊中，每個嫌犯都被要求脫光衣服，舉著牌子拍照，還要經過一個除蝨子的噴霧機，然後換上統一的獄服，一套前後都有不同號碼，白色直筒的圍裙似的衣服，還被要求不能穿內褲，以防止他們私藏什麼物品，換上統一的膠鞋，並用一個長絲襪做為住監的睡帽，兩邊腳踝都被鎖鏈連著。

一切妥當後，監獄長帶領副手及看守，為囚犯們宣讀了十六條獄規，其中包括「犯人在吃飯、休息及長廊裡均禁止交談，違反規定會遭到懲罰」；「犯人只有在吃飯的時間才可以進食，若是私藏食物或是在非吃飯時間吃東西則受懲罰」；「犯人只可以用號碼稱呼彼此，不可直呼姓名」等，完全剝奪人身自由的條規。

一開始，所有的囚犯及看守，都嚴格遵守著那十六條獄規，安安靜靜地過著監獄生活，可是這種情況只持續了十幾個小時。凌晨點名時，幾名囚犯摘下可笑的長襪帽子，撕下身上貼的號碼，在自己的獄室中，設置障礙與看守進行對抗，而看守則手持滅火器直接對著他們噴射。很快，手無寸鐵的囚犯就被制伏，帶頭鬧事的人被關了禁閉。這次造反只持續了一個小時，沒有參與的人被特殊優待，即得到更好的食物。一個小時之後，那些造反的囚犯，居然被安排進了沒有參與造反囚犯的囚室中，這一舉動造成了兩派人之間的矛盾，他們彼此不信任對方，於是，監獄內再也沒有群體造反的現象出現。

平息了造反事件，看守們開始按照自己的想法訓練囚犯，要求他們把沉重的箱子，從一個房間搬到另一個房間；拖著腳鏈在地上行走；讓囚犯們徒手清理他們的馬桶；當面譏諷那些曾經造反的囚犯，並鼓勵那些沒有參與造反的囚犯孤立他們，甚至要求他們假裝發生性關係。

第三天，有個囚犯就受不了了，他在囚室內失控地嚎啕大哭，並把自己的衣服都扯爛了，接下來的三天，又有三名囚犯發生了同樣的狀況。

監獄長在制裁無效後，威脅他們要轉去監禁更為嚴格的城市監獄，但仍無法驅散囚室內開始瀰漫的驚恐及絕望的氣息。

這天晚上，監獄長的女友前來探望，當監獄長展示那些看守整治囚犯的場景時，女友勃然大怒，對著監獄長吼道：「津巴多！天哪！你都幹了什麼！你把這些孩子都變成什麼樣子了！真是難以置信！」

這就是心理學史上赫赫有名的「斯坦福監獄實驗」，扮演監獄長的就是菲力浦．津巴多。這只是他設想的一個心理學實驗，參與實驗的都是真正的學生，每天還有十五美元的報酬。可是隨著實驗的進行，似乎原本善良忠厚的學生們，已經完全進入了與他們本無關聯的囚徒角色，而扮演看守的學生們，更是顯露出了自己想都想不到的暴虐心理。

IN視角

津巴多絕對是閒不住的人，而且各種實驗設想都是奇葩界的典範。對於微小事件背後的延續思考及要命的好奇心，真是各種讓人玩不起啊！那些參與實驗的「小白鼠」們，抱著新鮮有趣的心態，參加了津巴多教授的實驗，領著十五美元一天，看似高薪清閒的薪酬，本以為很輕鬆，最後落了個差點精神分裂的下場。

28 殘忍的絕對服從

◎快眼看實驗

地點：耶魯大學。
時間：一九六一年夏天。
主持人：斯坦利・米爾格拉姆。
目標：關於服從的行為研究。
特點：引發人性的探討。
脫線指數：★★★★★
可模仿指數：★（設計實驗的人，雖然因此世界聞名，可是也就此葬送了自己原本光明遠大的前程，得不償失啊！）

◎全實驗再現

十九世紀六十年代的紐黑文市，報紙上出現一則看起來很誘人的招募廣告：「如果你想輕鬆兼職，請來參加我們關於記憶力和學習方法的實驗，實驗只需一個小時，您可以獲得四美元的報酬以及外加五十美分的路費！我們需要五百名應徵者，如果您有興趣，請聯繫我！」

廣告一經刊發，很快就引來無數的應徵電話，佈雷弗曼是其中被邀請參與實驗的人。他是個社會工作者，平時的工作時間並不固定，以助人為樂的佈雷弗曼，一看實驗是關於記憶力和學習方法的研究，還有那麼誘人的獎金，頓時就來了精神，特意穿著新衣服，如約走進了耶魯大學的一座大樓。

當佈雷弗曼走進實驗室的時候，另一位實驗參與者詹姆士·麥克唐納已經到了，他自稱是個會計師，今年四十七歲。實驗的指導者是個年輕人，穿著灰色的實驗服，對兩個人說這是個關於體罰對學習效果影響的實驗，佈雷弗曼很認同，小時候上學總是被父親體罰，讓他覺得孩子們的童年都特別悲苦，就該好好做些這樣的研究，讓大眾知道該如何教育孩子。

年輕人拿出兩張紙條，告訴兩個人上面一個寫著教師，一個寫著學生，分別抓鬮，佈雷弗曼打開自己抽的紙條，上面寫得正是「教師」，他不知道的是，麥克唐納實際上是個演員，兩張紙條都是「教師」，也就是說，無論怎麼抽，佈雷弗曼註定了都是要當教師這個角色的。

安排完兩人的角色，年輕人把做為「學生」的麥克唐納，先帶到了另一個房間，還把他綁在一把椅子上，左手手腕連接著電極線，佈雷弗曼坐在另一個房間裡的椅子上，透過面前的玻璃，可以看到那邊麥克唐納的表情，而他的右手邊有個控制器，可以操控不同程度的電力。他將會經由麥克唐納的記憶回答正確率給予相應的懲罰，即用電刺激。

當佈雷弗曼看到這些裝置的時候，他有點困惑地問年輕人：「這樣合適嗎？會不會傷到他？」年輕人告訴他沒關係，這個電力哪怕最強的，也只能使麥克唐納感到痛苦而不會有任何損傷，這只是為了看看體罰是否對記憶有更好的幫助而已。佈雷弗曼需要透過對講機，對麥克唐納朗讀一些沒有關聯的詞語，而麥克唐納則需要在聽完之後，對佈雷弗曼的提問進行一一對應的回答。麥克唐納右手邊有四個按鍵的相應器，他會透過按鍵來進行順序的選擇，若是回答正確，則會進入下一題，若是回答錯誤，佈雷弗曼則會用一次電擊來懲罰，第一次十五伏，第二次三十伏，第三次四十五伏，依次加強，最高將會達到四百五十伏。

一開始，佈雷弗曼看到遭受電擊的麥克唐納都很正常，但隨著錯誤的增多，電力增強到一百二十伏時，麥克唐納開始大叫：「太痛了！我受不了了！快讓我出去！我要退出！」佈雷弗曼在年輕人的鼓勵下繼續進行提問，當電力增強到兩百七十伏時，麥克唐納已經不再回答問題，只是每次電擊後大喊大叫。佈雷弗曼臉上開始滲出汗珠，呼吸也變得粗重，他的頭腦開始有些混亂，他問年輕人是否可以停止，年輕人面無表情地要求他必須繼續實驗。

佈雷弗曼的大腦，已經完全無法正常思考了，滿腦子都是麥克唐納在對講器裡傳出的痛苦的哭叫聲，但在年輕人堅決冷漠的指導下，他還是顫抖著，手按下了最高電力——四百五十伏！走出實驗室的佈雷弗曼不忍看麥克唐納的樣子，渾渾噩噩到了家，在家中把自己關了好幾天都依然魂不守舍，內心的巨大衝擊，讓他無比愧疚。

可憐的佈雷弗曼，僅僅是參與實驗的上千名被試者的一員，參與實驗的被試者中，竟然有三分之二的人，最終都按下了四百五十伏最高電力的按鍵！這是個可怕的資料！參與實驗的人結束時，都不敢去和對面房間那個接受電擊的人道別，他們心裡無比的愧疚，甚至不相信自己竟能做出那麼殘忍的事情。

IN視角

實驗結束後，連米爾格拉姆自己都有一段時間困惑於：這個實驗究竟解決了什麼問題？他得出一個結論：影響人們服從並產生行為的關鍵，不在於進攻性或者被壓抑的那些情緒，而是在於權威的要求和壓迫。若是政府變得滅絕人性，如第二次世界大戰時的納粹罪行一般，世界就會變得黑暗無比。這個實驗使得人們將其與種族大屠殺的事件聯繫在一起，米爾格拉姆變得格外出名，可是卻沒有得到世界的認可，尤其是行業內的認可。實驗結束後，他在哈佛一直沒有固定的職位，後轉到紐約城市大學，也一直沒有被重用，甚至他的孩子們都不願意用他的名字來做前面的名字，原因是不想帶著沉重的負擔過自己的一生。米爾格拉姆創造了輝煌的開端，卻沒猜中悲涼的結局。

29

掀開救贖的面具

◎快眼看實驗

地點：阿拉巴馬州塔斯基吉研究所。

時間：一九三二年～一九九七年。

主持人：美國公共衛生部。

目標：研究梅毒在黑人和白人體內不同的傳播方式。

特點：打著救贖的幌子，卻是殺人的藉口。

脫線指數：★★★★

可模仿指數：零（滅絕人性的想法，應該從萌芽就掐滅！死死地掐滅！）

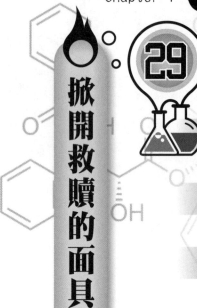

◎全實驗再現

一九三二年的一天，天氣晴朗，阿拉巴馬州梅肯縣如往常般安靜，人們都在自己的家門前曬著太陽。這些人黑色的皮膚閃著太陽的光，面容都略有些愁苦難消的表情。就在這時，遠處響起汽車發動的聲音，慢慢近了，一輛大客車停在小縣的中心，從車上下來許多穿著白制服的醫生。

亨頓和大多數村裡的男子一樣，好奇還有點敵意地看著這些人，不知道他們要做什麼。醫生中走出一個花白頭髮的老醫生，戴著大大的眼鏡，嘴上戴著雪白的口罩，對著大家說：「我們是來自華盛頓的醫生，得知這裡的很多男子都患有壞血病，國家為了改善大家的就醫狀況，派我們來為大家提供一系列的治療，請願意接受治療的人舉手報名！」

黑人們站在一起，交頭接耳一番，搖搖頭沒有人舉手。片刻的靜謐後，花白頭髮的老醫生與隊伍裡其他幾名看起來年齡略長的醫生交流了一下，另一名醫生走出隊伍，對黑人們說：「我們會給大家免費體檢，免費治療，若是有人已經不行了，我們還能提供免費的喪葬保險！請記住，這可能是你們能得到免費治療的最後的機會！」

黑人群中有些騷動，大家那愁苦的面容上，顯現出希望的神情，慢慢地，黑人們一個一個走上前去，舉起了自己的右手，亨頓自然就是其中的一員。

第二天，亨頓和其他黑人一起來到醫生們的研究所，醫生給每個人吃了兩種藥，還從背部抽取了什麼東西，除了抽取時的疼痛，亨頓對其他事情一無所知。有個黑人護士，長得非常漂亮，亨頓只知道她叫尤尼斯．里弗斯，每天都是她給大家配置好藥。黑人們總是盼望著里弗斯護士來分發藥的時刻，那樣就可以看她微笑時的樣子。

里弗斯似乎也對這些黑人同胞們格外照顧，有些時候，她還會帶著一些現金去到黑人們的家裡，給他們留下，並鼓勵他們要堅持治療。

有一些黑人患者已經處於死亡的邊緣，接受治療時，已經看不出生命的光芒，里弗斯會撫摸著他們蒼老的手，對他們說：「你放心！只要你同意我們的提議，我們會免費提供你離去後所有的安葬事宜。如果你不同意我們的提議，一樣還是會離開，但是什麼都沒有留下；但若是接受我們的提議，離開後還能為家人帶來一些實惠，何樂而不為呢？」

通常到最後，那些已經臨近死亡邊緣的人們，都同意了里弗斯的建議，只是他們自己可能並不知道，死去後的屍體，是被放在研究所裡解剖研究使用的。

之後的四十年中，亨頓和其他的黑人患者們，不知道接受了多少次抽取、吃藥以及各樣的檢查，他們一直都覺得自己得的是不治之症，儘管四十年間，同時接受治療的人都紛紛死去，亨頓卻奇蹟般地活到了九十六歲高齡。他和那些死去的人一樣，都以為自己接受的是最好的治療。

直到一九七二年的一天，亨頓從電視上看到新聞在披露一個醫療醜聞時，他驚愕地看到一組資料：

參與實驗的患者中，二十八人直接死於梅毒（即當時的壞血病），約一百人因梅毒的併發症而死，四十人的妻子受到感染，十九人的子女在出生時就染上了梅毒！新聞強烈譴責著美國政府的這一慘絕人寰的行徑，電視機前的亨頓早已是淚流滿面，他孤伶伶地活到現在，雖然期間也有過迷惑，但都過去了，這個新聞徹底擊毀了他堅持活著的理由，不久後，亨頓也離開了人世。

長達四十五年當中，沒有人承認過對這些黑人的惡行，甚至美國公共衛生部一直都拿救死扶傷為科學研究的高尚理由，來掩蓋他們的醜聞。直到一九九七年，柯林頓總統才出面，像當年的受害者及家屬表示了道歉，並提供了一定的經濟補償，但是，那些已經離去的生命再也無法挽回了。

IN視角

這是一個讓人心裡佈滿陰霾的實驗。

上百人充滿希望地，把自己生的渴望交給那些承諾會醫治自己的白衣天使們，但卻絲毫不知，直到自己離開人世的那一刻，接受的所有的治療都只是個騙局。道歉是正義的彰顯，可是細想那些帶著希望離去的人們，和得知這個騙局祕密的家屬們，誰也無法說清究竟哪個才是幸運的。

30 刺骨的痛

◎快眼看實驗

地點：不詳。

時間：一八九六年。

主持人：亞瑟・溫特沃斯醫生。

目標：脊椎穿刺疼痛的真實性。

特點：對科學的瘋狂追求，讓自己脫離本心。

脫線指數：★★★★★

可模仿指數：零（若想進行此類實驗，請拿自己來嘗試，不要把自己的好奇變成他人的痛苦！）

◎全實驗再現

嘉德孤兒院是一所專門接收那些剛出生，就被父母遺棄的孩子的機構，一直撫養到他們被好心人收養為止，若是收養後又出了什麼變故不能再被撫養，將會被送回孤兒院，繼續等待下一位好心人的降臨。所以，這裡最小的孩子，僅僅是剛出生幾天的嬰兒，最大的都已經十二歲了。

艾米麗已經八歲了，到了上學的年紀，可是還是沒有人來孤兒院帶走她，每當禮拜天，孤兒院向撫養人開放的時間，她總是把自己打扮得漂漂亮亮的，第一個等在接待室裡，期望能有善良的人把自己帶走。可是時運不濟，每次她都是孤伶伶地最後一個回到自己的宿舍。

這一天，天氣晴朗，又是一天接待日，艾米麗再一次跑到接待室，等著那個願意收養她的好心人。這已經是第十八次了，她其實也不知道自己究竟還有沒有機會被好心人帶回家，當其他的夫妻都一一挑選了年紀更小一些的孩子，她依然倔強地坐在小凳子上。

這時，一個略顯低沉的聲音響起，「嗨！妳叫什麼名字？」

艾米麗有些迷惑地抬起頭，一個年輕的男子站在她面前，溫柔地看著她。艾米麗有些激動，回答說：「先生，我叫艾米麗！您是來帶我回家的嗎？」

年輕男子笑了笑，對她伸出手說：「跟我走吧！」

辦完手續，艾米麗跟男子到了一處看起來有些陰森的建築，她長舒了一口氣，覺得自己終於有家了！但她絲毫沒有注意建築裡，都是一間一間隔開的小房間，房間都是緊鎖著的大鐵門，只有上部有個像監獄一樣的條狀透氣窗。

剛到男子家的第一週，艾米麗過著天堂般的生活，每天早上起來，男子都會給她新鮮的水果和香噴噴的披薩，然後帶她去公園或者郊外，晚上還會給她講故事哄她入睡。艾米麗一直夢想的生活終於實現了，她在夢鄉中都帶著甜甜的笑。

一週後的一天，男子把艾米麗帶到樓上一間小房間中，裡面有點陰暗，只有一張手術用的床，還有一些奇怪的儀器。艾米麗有點害怕，男子溫柔地告訴她：「別怕！我只是想要給妳做個檢查，看看妳的骨骼情況怎麼樣，為了保證妳的健康，如果妳感到痛，就告訴我。」

艾米麗乖乖地躺在手術床上，男子撩起她的衣服，從她的背後插進一根很粗的針頭，艾米麗感到一陣錐心的疼痛，但為了不讓男子因為她的疼痛而生氣，她硬是忍住那巨大的疼痛。可是僅過了兩秒鐘，她就痛得完全無法控制自己，男子看了看，失望地拔出了針頭。

自那次之後，艾米麗再也沒有了之前那種幸福的生活，她每天只能待在那個黑黑的小房間裡，等著一日兩次的送餐。她後來得知，那一層的每個小房間裡，都有個年齡不一樣的孩子，她們每週都要接受一次類似被針頭扎，或者剖開肚子再縫合的實驗。

可憐的艾米麗不知道，那個看起來溫和善良的男子，雖然是個小兒科醫生，但卻癡迷於對人類疼痛感的研究，先後對二十九名兒童，進行了殘忍的脊椎穿刺實驗。這些不幸的兒童有的很快就死去，有的一直被折磨了許多年。當他的實驗結果被披露後，受到了譴責，被稱為「殘忍的人類活體解剖」！

IN視角

慘絕人寰，滅絕人性，每次看到類似這樣的故事，都覺得人類的語言，完全不足以表達此刻的心情，真的不知道那些人究竟受了怎樣的刺激，或是內心究竟追尋著怎樣的世界？能對那些天真爛漫的孩子下手，做出如此殘忍的事情，這樣的實驗已經不僅僅是瘋狂可以形容的。

31

萬花筒的世界

◎快眼看實驗

地點：不詳。
時間：一九四三年四月十六日。
主持人：亞伯特・霍夫曼。
目標：尋找促進血液循環的藥物。
特點：嗨到極致的實驗。
脫線指數：★★★★
可模仿指數：★★★（簡單易操作，只是效果如何，能否恢復就要看造化了。）

◎全實驗再現

亞伯特．霍夫曼是個化學家，所研究的是各種元素、液體、物質等，常人看來無比奇怪的東西。最近，霍夫曼卡在一個課題上怎麼也過不去，他一直想要尋找到一種，能夠讓人體的血液循環加快的藥物，一旦攻克這個課題，他將成為頂尖的科學家。為了實現這個想法，霍夫曼花光了自己一大半的積蓄，高價求購可以實現這個想法的藥物。

可是，霍夫曼幾乎嘗試了所有的方法，但都不理想。

有一天，他去一個平日不常去的小酒吧準備喝兩杯，緩解一下自己苦悶的心情。酒吧門口，有個露著大腿和半截屁股的紅髮女孩，妖媚地對他說，「嗨！寶貝！你想要放鬆一下嗎？」霍夫曼眼睛有點迷離，看著女孩妖嬈的身姿，不由自主就跟她走了。

第二天睜開眼，霍夫曼發現自己身處一個破舊的汽車旅館的房間裡，窗簾拉得嚴嚴實實，身邊一個人也沒有，自己的錢包被打開了，裡面也是空空如也。霍夫曼撐起沉重的頭，拉開窗簾，刺眼的陽光一進入房間，他才慢慢記起前一晚發生的事情。

原來，前一天晚上，霍夫曼跟紅髮女孩來到這家汽車旅館，兩人纏綿了一番，紅髮女孩拿出一個小小的透明袋子，裡面有幾顆並不起眼的小藥丸。紅髮女孩告訴霍夫曼，這種迷幻藥能讓人進入仙境，享受前所未有的輕鬆，接下來的事情，霍夫曼已經不太記得了。

霍夫曼覺得非常驚詫，竟然還能有自己都無法控制的事情發生，若是這樣的結果，那必然意味著自己當時的腎上腺素升高，血液循環也加快，才讓自己原本理智的思維，受到了牽制和侷限。想到這個，霍夫曼興奮不已，覺得自己似乎已經找到了可以控制血液循環的方法。

他匆忙洗了把臉，跑到實驗室去研究如何人工合成迷幻藥，最後他製出一種液體，往自己的皮膚上滴了兩滴，五分鐘後就感受到一種狂喜和迷幻的感覺，似乎整個人都要飄起來了。這個效果讓他更是堅定自己的想法是對的。

三天後，霍夫曼加大了液體的配比濃度，也增加了攝入量，這一次，幾乎是瞬間，他就感覺自己體內要爆炸了一般，他深吸一口氣，閉上眼睛，再睜開時，面前似乎出現了無數生動鮮豔的圖畫，就像萬花筒裡一般。無數豔麗的色彩不停地變幻旋轉，整個世界彷彿都在轉動，他無法控制地哈哈大笑著，在實驗室裡，手舞足蹈地表達自己的狂喜。

清醒後的霍夫曼異常疲勞，實驗室也是亂七八糟的，他揉了揉脹痛的腦袋，第一反應就是找到自己的實驗紀錄本，寫下了約半小時前自己所有的感受，並在之後總結整理，向科學雜誌進行發表。

IN視角

霍夫曼也真算經歷有趣了，一次桃色的曖昧經歷就讓他找到靈感。今日醫學上廣泛使用的麻醉藥，應該也有霍夫曼的貢獻在其中，只是不知哪位科學家，又在其中去除了造成幻覺的那些組成元素，而只是緩解了疼痛。若是用迷幻藥來當麻醉劑，病人是否會覺得快樂一些呢？

32 給自己動手術的人

◎快眼看實驗

地點：美國。

時間：一九二九年。

主持人：伊凡・奧尼爾・卡恩。

目標：切除發炎的闌尾。

特點：以剖開自己為樂趣。

脫線指數：★★★★

可模仿指數：★（強悍的人生不需要解釋，勸君三思！）

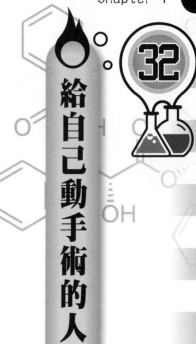

◎全實驗再現

伊凡・奧尼爾・卡恩已經不是第一次給自己開刀了，之前只是拔掉快要冒出來的智齒，而這次，是他的闌尾發炎了，痛了半夜後，他想到了一個瘋狂的主意。

卡恩把醫院裡的助理醫師都叫到手術室，告訴他們，「這是一次非凡的機會！你們將會見證世界上，第一個能給自己開刀動手術的醫生！」

助理醫師們雖然一直都知道這個醫學教授跟常人不同，總是做些別人想不到也想不通的事情，但是誰也沒想到他會要給自己切闌尾！

要知道，闌尾發炎，那疼痛真是讓人瞬間面如死灰，說翻來倒去止不住痛都不為過，這卡恩教授已經四十五歲了，不是年輕小夥子了，這舉動實在太危險。想到此，助理醫師們紛紛勸阻卡恩，說要請有經驗的醫生，來為他動這個闌尾切除手術。卡恩氣得眉毛鼻子都抖了，不知是不是因為痛，他呵斥那些年輕的助理醫師們：「一群沒用的東西！今天誰要是敢去叫其他醫生來給我動這個手術，你們明天都別再來實習了！我只需要你們做個見證而已！」

助理醫師們能來這家醫院實習並不容易，只能一個個苦著臉，像受刑般站在一旁，生生把卡恩在手術床圍了兩圈。卡恩看起來也不那麼輕鬆，疼痛讓他臉色發白，細密的汗珠開始順著額頭滲出，手也開始微微顫抖。

卡恩讓助理醫師們準備好所有手術的器具，自己為自己注射了腹部的局部麻醉，這讓他有一剎那，似乎大腦也暈暈乎乎要停止運轉。他狠狠搖搖頭，深吸一口氣，用手術刀在自己的右下腹劃開了一道十公分左右的傷口，鮮血立刻湧了出來。人群中膽小的助理醫師輕叫一聲，完全沒有了做為醫生的無畏神色，看來，給別人動手術和看別人給自己動手術，差別還是很大的。

卡恩將手伸進自己的腹部，麻醉劑的作用，讓他的右臂都有些麻麻的不聽使喚，他讓站在身邊的一個助理醫師，幫他拉開自己的傷口，把頭上戴著的手術燈更靠近了些，還真被他找到了那個給他帶來疼痛的小東西。接著用手術刀把它割了下來，放在手術臺上的一個小碟子裡，就再也沒有力氣給自己縫合傷口了，只得讓那些嚇得一身汗的助理醫師們幫他縫合，而自己舉著闌尾哈哈大笑。

從那之後，卡恩就更出名了，被報紙稱為「第一個給自己開刀動手術的人！」各種採訪蜂擁而至，卡恩開始一次次嘗試更新的手術，一直到他七十歲高齡的時候，他還自信地為自己做著腹股溝的手術，但這次似乎就沒有一直以來的那些幸運了，或許是年紀太大，或許是掉以輕心，不久之後卡恩就被發現死在自己動手術的家中。經查驗，他死於手術不當引發的肺部感染。

IN視角

那些有瘋狂想法的科學家都是急性子，在無法得到志願參與實驗的「小白鼠們」時，就會用自己來進行實驗。只是實驗的過程中有的人成功了，有的人卻為此失去了性命。不管怎麼樣，還是要記住那句話——「珍愛生命，遠離瘋子！尤其是做實驗研究的瘋子！」

33

以毒攻毒的治療

◎快眼看實驗

地點：不詳。
時間：十九世紀四〇年代。
主持人：瓦爾特・鍾斯。
目標：治療傷寒型肺炎。
特點：奴隸時期不缺乏接受實驗的人。
脫線指數：★★★★
可模仿指數：★（簡單的思維，殘忍的做法，科學的進步建立在人類的傷痛上。）

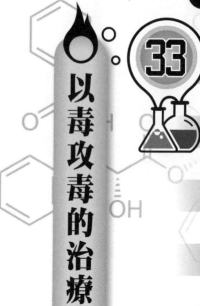

◎全實驗再現

加納是個黑人奴隸，從他出生，似乎就註定了是奴隸的一生，他的父母都是奴隸，是在艱難的環境下生下了他。

加納常常想，要是當時自己不出生，也許不會受如此多的折磨。

此刻的加納，正排著隊等在一座小樓前面，在整個村落，只有這座小樓還算是新的，兩層的小樓周圍有鮮花簇擁，但加納和隊伍裡的黑人奴隸們，卻並沒有心情欣賞如此的美景。

加納是第二次來參與這個實驗，三個月前，那個醫生來到他們的村落，用考究的衣服和一把的黃金，買下了幾乎半個村子的奴隸，然後蓋了這座小樓，對他們說是為了改善他們的生活，提高他們的醫療條件。

一開始，那個自稱瓦爾特·鍾斯的醫生，只是指點他們種下了那些花花草草，還有小樓的格局，分成一個個小的房間，裡面只有一張床，任何多餘的設施都沒有。當時，他們都好奇醫生為什麼要如此設置這些房間，但很快他們就知道了。

鍾斯醫生每天給他們喝下很奇怪的液體，有著腥臭刺鼻的味道，醫生說是提高他們的身體素質。但三天後，就陸續開始有人咳嗽，甚至咳到有血滲出。整個過程中，他們都被一個個分到那些小小的房間裡。一推開小樓的大門，就聽到此起彼伏的咳嗽聲，而四處也瀰漫著一股奇怪的味道。

鍾斯醫生很滿意他們的表現，每天拿著小本子，帶著口罩，來觀察他們的情況，保證他們不會餓死的情況下，為他們進行各種化驗。並在某一天興奮地告訴他們：「現在大家都患有傷寒型肺炎，我會為你們一一治療好，如果你們跑了或者是反抗，錯過治療，三天之內必定會死！只有我能救你們！」

為保證萬無一失，鍾斯醫生給他們每人都戴上手銬腳鐐，確保他們無法逃掉，從那天開始，每週鍾斯醫生會給這些黑人奴隸進行他所謂的「治療」。

走進一間稍大的房間，空空蕩蕩，連床都沒有，只有些稻草鋪在地上。加納不知道前面的奴隸兄弟們遭受了怎樣的折磨，只是聽到不斷地慘叫聲。當加納走進房間時，鍾斯醫生讓他趴在地上，從房間的一頭拎過來一個大桶，看桶裡還冒著滾滾蒸騰的熱氣，加納的心揪在了一起，鍾斯醫生帶著一絲笑意，對著加納舉起了那個桶，滾燙的熱水倒在了加納的背上，他無法控制地慘叫著……

鍾斯醫生看加納暈死過去，把他拖到了一邊的小房間裡，又繼續讓下一個奴隸進來。全部「治療」完一遍，他也累的一頭汗，那麼多熱水煮起來也並不是那麼容易的，他感嘆著自己為了科學所作出的努力，只要成功治癒了傷寒型肺炎，一定會讓他一舉成名，想到成名後的種種，鍾斯醫生愉快地繼續著他的「治療」。

當加納第二次走進這裡，他已經無力逃離，背部燙出的水泡還在劇痛中，有些破了流出黃色的膿水。他體溫持續升高，只想著能盡快結束這一切。

這一次，當滾燙的熱水倒在背上時，他已經不再有第一次那樣的慘痛，只是意識漸漸模糊……

IN視角

歷史上的人體實驗幾乎沒有安全的，都伴隨著瘋狂和殘忍，回顧著這樣的過程總是讓人帶著心底的隱痛，來瀏覽那些科學史上巨大的發展和貢獻。很多實驗的開始，僅僅只是一個簡單普通到讓人無語的理由，但由此付出的代價，卻是多少名聲、金錢、貢獻都買不回的人性的淡漠。

第二章

學術圈的重口味

Pl
Ar
Li
Mg
O
K
Cl
Hg
Ti

一樹一菩提——experimenting in academic field

從科學角度看，新科技的誕生有利於人類的發展，很多奇思妙想都有了實現的機會，例如可以瞬間消失的隱形衣（故事51隱形斗篷）；可以監控身材的性感內衣（故事54伴你喜憂的內衣）；甚至有可能在世界末日時，不會因飢餓而擔心（故事60保存三年還能吃的披薩）。

從學術角度看，好好學習、天天向上不單單是口號，而是互古以來就有其真理性，在學習成績優異的基礎上，加上一點運氣，就有可能有創新的價值，例如做夢也能有發明（故事35夢裡的蛇形飛舞）；堅持自我就有希望成功（故事44伽利略VS.月球上的伽利略）；或者選定一個方向就能成就輝煌（故事50研究大腦的愛迪生）。

從倫理來看，對於祖先的追尋是人類文明中始終不停的探索，新的思考方向是水中生物的連接性，軟綿綿的水母竟被發現與人類基因有幾近相似之處（故事45人類的祖先是水母）；一般來說，物種的誕生和發展，需要一雄一雌的共同配合和努力，但難保不會有一方過於強勢的可能（故事40愛你所以吃掉你）；有科學家思考，一夫一妻的傳承一旦被打破，產生的孩子又該如何自處（故事56擁有三個父母親的嬰兒）。

人類世界中，無窮的探索，無盡的思考，文明的誕生和發展，都是被這些探索和思考不斷推動前進的，每一次的探索和更新都是一個前進，如同佛家的「一樹一菩提」一般，在無窮的奧義中，閃現出智慧的光芒。

儘管在前進的道路中，新的想法常常會讓人產生惡寒的衝動，但這也是在陣痛中成長的典型範例。

下面，就請大家做好準備，欣賞各種重口味的實驗吧！

34 炸藥大王的悲哀

◎快眼看實驗

地點：瑞典斯德哥爾摩郊外。

時間：一八四三年十二月～一八六六年十月。

主持人：阿爾弗雷德・諾貝爾。

目標：減輕勞工繁重的體力勞動，建設和平世界。

特點：瘋狂實驗第一人。

脫線指數：★★★★★

可模仿指數：★（若是非要模仿，請去安全的地方操作，不然，炸了自個家可沒那麼好玩。）

◎全實驗再現

「轟……」

震耳欲聾的爆炸聲在斯德哥爾摩郊區一處工廠中響起，滾滾的濃煙在天空翻騰，沖天的火焰熊熊燃燒。當附近的人們趕到現場時，昔日的工廠已經只剩斷垣殘壁，只有一位三十歲左右的年輕人，站在一旁瑟瑟發抖，身上的衣物多處燒焦，他臉色慘白，眼裡有盈盈的淚光。

這是發生在一八六四年的事情，火場中唯一活下來的人叫阿爾弗雷德．諾貝爾，而火場中找到了五具屍體，四個是諾貝爾平日關係非常密切的實驗助手，第五個則是諾貝爾那個還在大學讀書，假期來給他幫忙的小弟弟。

諾貝爾呆呆站在焦黑的瓦礫邊，看著人們找出的那五具焦爛的屍體，還有自己費盡心思創建的硝化甘油炸藥實驗工廠，就此化為灰燼。員警在一旁跟他說了很多話，他都沒有聽清，只聽到一句嚴禁他以後再建造類似的工廠的警告。

當家中的二老聽到小兒子慘死的噩耗時，母親哭暈了過去，年邁的父親因為激動而突發腦梗，自此半身癱瘓。

父親在病房中把諾貝爾叫到床前，質問他說：「我當年讓你四處遊歷學習新的技術沒錯，但是沒讓你把自己和家人的性命都賠進去，以後不許你再進行製造炸藥的實驗了！」

諾貝爾低頭聽著父親的教誨，卻並沒有答話。

幾天後，在遠離斯德哥爾摩市區的馬拉侖湖中，出現了一艘巨大的駁船，駁船上沒有貨物和航海器具，只有各種奇怪的設備。一個年輕人全神貫注地進行著實驗，他正是前幾日被人們像躲避瘟神一般躲避的諾貝爾，由於火災，沒有人願意再將土地或廠房租給他進行實驗，他只得高價買了這艘船，在湖裡繼續著危險的實驗。

後來，諾貝爾終於成功造出了雷管，這在當時的世界上是一項重大的突破，當時的歐洲正處於工業化發展時代，礦山開採、鐵路修建、運河的挖掘等，都使用了諾貝爾的雷管炸藥，諾貝爾一夜之間聞名世界，也獲得了巨大的財富。

可是，成功的同時，一系列的災禍又接踵而至。舊金山運炸藥的火車發生爆炸，火車被炸得七零八落；德國一家工廠在搬運硝化甘油過程中爆炸，整個工廠和附近的民宅都變成了廢墟；巴拿馬的一艘運載硝化甘油的輪船發生爆炸，整個輪船都沉入海底……

一連串的噩耗，很快就傳遍了世界，人們震驚的同時，都將恐懼轉化為對諾貝爾的譴責，指責因為他的發明而讓世界變得動盪危險。諾貝爾默默承受著一切，並沒有因此意志消沉，而是化悲痛為力量，義無反顧地繼續前行著。

諾貝爾的一生中，發明的專利有三百五十五項，並選擇在離世前，將資產捐贈建立諾貝爾獎項，鼓勵後世的人們在各個領域發明創新，是當之無愧的瘋狂實驗第一人。

IN 視角

簡單的想法，悲痛的過程，讓世界震驚的結果，就是諾貝爾一生的貢獻濃縮。誰能想到發明新事物，竟要付出那麼大的代價，恐怕是任何再瘋狂的科學家，都沒有過諾貝爾那麼令人悲痛的實驗過程。有時不禁會想，若是這個世界沒有諾貝爾，沒有他費盡心力發明出的炸藥，是不是就會真的和平安穩？更多時候，還是欽佩這個付出一切的科學家，以及世代承傳的各種諾貝爾獎項，尤其是其中的諾貝爾和平獎，我想應該是他最樂於見到的獎項了。

35

夢裡的蛇形飛舞

◎快眼看實驗

地點：夢裡。
時間：一八六七年～一八六九年。
主持人：凱庫勒。
目標：發現苯的結構。
特點：夢裡的科學啟示。
脫線指數：★
可模仿指數：★★★★（白日夢終於有了冠冕堂皇的理由，為科學發展而努力！）

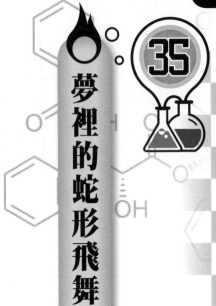

◎全實驗再現

「我鄭重發誓，我接下來所說的話都是實情！我是吉森大學建築系的學生凱庫勒，住在赫爾利茨伯爵家對面，火災發生時，我就在家裡看到了對面的情況，員警到來之前，沒有別的人進入伯爵家。」

法庭上，年輕的凱庫勒做為證人被傳喚，因為在他看到對面伯爵家火災發生的當天，伯爵夫人的寶石戒指失竊了。據說那個戒指上是兩條蛇纏在一起，一條是純黃金打造，另一條是純白金打造，是夫人非常喜歡的一枚戒指。

火災後，伯爵夫人在府裡搜遍了僕人們的住所，在其中一個僕人那裡找到了一枚相同的戒指，但僕人一口咬定那是自家從一八〇五年就傳下來的祖傳寶貝，是黃金和白銀打造的兩條蛇。

雙方爭執不下，鬧上法庭後，法院找來著名的化學教授李比希協助作證。

李比希在對戒指的金屬成分進行測定之後，鄭重地在法庭宣布：「經過測定，白色的蛇是由白金打造而不是白銀！而且白金打造首飾是從一八一九年才開始，絕不可能是一八〇五年就已製出，由此看出，僕人說的是謊話。」

李比希一番有理有據的證詞，讓案件得到了公正的裁決，也給同樣作證的凱庫勒留下了深刻的印象。他突然發現，原來化學是那樣神奇的一門學科。

從這之後，凱庫勒開始追隨李比希改學化學，並從一八五〇年開始，在李比希的實驗室裡協助工作。

當時的李比希正為一個難題而困擾，就是做為重要的有機化學原料之一的苯，分子結構究竟是怎樣的？

只有找到苯的分子結構，才能真正做到正確高效地提取並應用於石油產業。李比希和當時的很多化學家都在苯的分子結構上止步不前，凱庫勒也在幫老師尋找可以解開難題的方法，他每天都在嘗試各種不同的化學結構式，但都沒能成功。

有一天，凱庫勒在寫結構式時，對著爐火打起了瞌睡，他滿腦子的分子、原子都在眼前跳躍著，如同當年做建築設計時一般，自動在腦中做著排列組合。突然，他發現那些分子組成了一條長長的分子結構，看起來正像一條蛇在盤旋，盤旋中慢慢咬住了自己的尾巴旋轉著。凱庫勒看著看著，靈光乍現，打了個激靈醒了過來，然後激動地進行著新的實驗嘗試，耗盡一夜，終於完成了苯的分子環形結構式。

凱庫勒的苯環結構式，開創了有機化學歷史上的一個里程碑。他將自己的夢境告訴了老師李比希，李比希揶揄道：「我們做實驗都在實驗室沒日沒夜，你小子竟然打瞌睡做著夢也能做實驗，還解開了歷史難題，我也要向你學學，多做做夢，看看能不能再創造出新的發明……」

IN視角

其實看完凱庫勒的故事，只是一句感嘆「人有才，真心是天生的！」這個聞名於世的化學家，可以悠閒地做個夢，就解開當時讓眾多化學大師們百思不得其解的難題。這也就罷了，可是誰知他在化學之前的建築造詣也是輝煌異常。在大學之前，就已經為自己所在的城市設計了三棟房子並受到廣泛好評。問題在於，凱庫勒小時候的夢想，既不是當建築師，也不是當化學家，而是成為一名作家！在國小時，別人都在寫作文，只有他盯著天花板做著白日夢，在老師的責備中，他竟然拿著白紙「讀」了一篇讓所有人驚嘆不已的文章。對於這樣的人，真不知是太會做夢還是天生就太有才氣，應了那句老話，「是金子，在哪裡都會發光。」

36 堅持坐到第一排

◎快眼看實驗

地點：法國。

時間：一八九六年起。

主持人：瑪麗．斯克沃多夫斯卡（婚後更名為瑪麗．居禮）。

目標：發現了放射性元素鐳。

特點：忍得了輻射，耐得了寂寞，終能成為「鐳之母」。

脫線指數：★★

可模仿指數：★（理由很簡單：居禮夫人於一九三四年，由於長期接觸放射性物質，罹患惡性白血病逝世。）

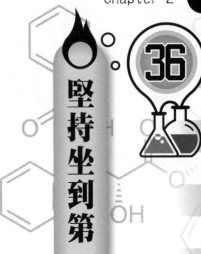

◎全實驗再現

有位成功學家經常在演講中對聽眾說：「優秀是一種習慣，每次上課、開會，你都要坐到第一排，讓更多的人看到你，你自己也會養成自信、自制的好習慣，久而久之，你就會變成一個優秀的人。」

居禮夫人，就是這樣一個優秀的人。

一八六七年十一月七日，她生於波蘭華沙的一個正直、愛國的教師家庭，自小勤奮好學。因為當時俄國沙皇統治下的華沙，不允許女子入大學，加上家庭經濟困難，居禮夫人只好輟學，當了名家庭教師。所幸，後來在父親和姐姐的幫助下，她渴望到巴黎求學的願望實現了——在巴黎大學理學院就讀。她一心都在學習上，在每次的公開課堂上，她都堅持坐到第一排。雖然生活清貧艱苦，但豐富的知識卻使她心靈日趨充實。一八九三年，她終於以第一名的成績畢業於物理系，第二年又以第二名的成績，畢業於該校的數學系，並且獲得了巴黎大學數學和物理的雙學士學位。

居禮夫人畢業之後，決心投入放射性物質的研究中，這一靈感來自於法蘭西共和國物理學家貝克勒爾。他在一八九六年發表了一篇工作報告，詳細地介紹了他透過多次實驗發現的鈾元素。在報告中，他這樣描述說：「鈾及其化合物具有一種特殊的本領，它能自動地、連續地放出一種人的肉眼看不見的射線，這種射線和一般光線不同，能透過黑紙使照相底片感光，它與倫琴發現的倫琴射線也不同，在沒有高真空氣體放電和外加高電壓的條件下，卻能從鈾和鈾鹽中自動發生。鈾及其化合物不斷地放出射線，向外輻射能量。」

居禮夫人閱讀完這篇報告之後，激起了強烈的興趣。這些能量來自於什麼地方？這種與眾不同的射線的性質又是什麼？好學的居禮夫人想弄清它們。

在實驗研究中，居禮夫人設計了一種測量儀器，不僅能測出某種物質是否存在射線，而且能測量出射線的強弱。

在貝克勒爾的研究基礎上，居禮夫人經過反覆實驗發現：鈾射線的強度與物質中的含鈾量成一定比例，而與鈾存在的狀態以及外界條件無關。

居禮夫人對已知的化學元素和所有的化合物進行了全面的檢查，她發現一種叫做釷的元素也能自動發出看不見的射線來，並且含有鈾和釷的礦物一定有放射性。

最重要的是，她還發現了一種瀝青鈾礦的放射性強度比預計的強度大得多，而這種礦物早已被許多化學家精確地分析過，因此她斷言，實驗的礦物中，含有一種人們未知的新放射性元素，且這種元素的含量一定很少。

這些研究都是前人所沒有實驗到的，居禮夫人將自己的研究撰寫成論文，引起了科學界的軒然大波。她的丈夫也注意到了這個現象，覺得她的研究內容比自己的關於結晶體的研究更重要，就來和她一起研究這種新元素。

這個新元素就是釙，後來他們還無意中發現了鐳。

釙和鐳的問世，動搖了幾世紀以來的一些基本理論和基本概念。

在一九〇二年年底，居禮夫人經過反覆實驗，提煉出了十分之一克極純淨的氯化鐳，並準確地測定了它的原子量。它是一種極難得到的天然放射性物質，它的形體是有光澤的、像細鹽一樣的白色結晶，繁殖過快的細胞，一經鐳的照射很快都被破壞了，這個發現使鐳成為治療癌症的有力方法。

但不幸的是，居禮夫人一生都致力於發現新的物質幫助他人，但她卻沒能救得了自己。在一九三四年七月四日，居禮夫人因惡性白血病逝世，結束了她美麗的一生。

IN視角

居禮夫人是一位將自己的一切，都無私地奉獻給科學事業的偉大科學家，然而她的祖國卻對她的研究結果反應遲鈍。首先承認她研究結果的是瑞士政府，當他們支付不起每月五百法郎的實驗室費用時，瑞士政府願意用年薪一萬來聘請她。她和丈夫的第一個獎章是英國贈予的。一九〇三年居禮夫人和居禮先生同被授予諾貝爾物理學獎。在居禮夫人的整個研究生涯中，她接受過很多國家的邀約，但她都拒絕了。而這一切都是為了在不考慮金錢和待遇的基礎上，提煉出純淨的鐳。

37

不愛讀書的煉金術士

◎快眼看實驗

地點：比利時布魯塞爾。
時間：一六〇五年左右。
主持人：海爾蒙特。
目標：實驗如何由水生木。
特點：老虎老鼠傻傻分不清楚——煉金術誤把光合作用當魔法。
脫線指數：★★★
可模仿指數：★★★★★（誰小時候沒種過樹？）

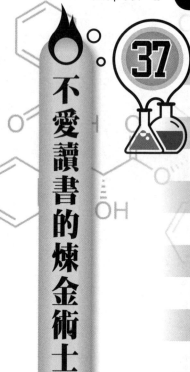

◎全實驗再現

布魯塞爾的一個貴族家庭裡，熟悉的一幕又在上演。

一個孩子從房間裡衝出來，嘴裡大叫：「我不要讀書，你們逼我幹什麼？」跟著他的大人只能好聲勸解：「為了你將來的生活著想，你是一定要讀書的，難道我們世家的繼承人竟然是個文盲嗎？」

這個孩子就是海爾蒙特，他是個真正的富二代，在一五八〇年一月十二日生於布魯塞爾一個貴族家庭，並且生下來就是世家的繼承人。

做為繼承人，自然像現在這樣，全家人都對他關注和期待，但他的表現卻太讓人失望。他拒絕一切別人為他安排好的東西，像個天生的縱火狂，從小到處燒東西，不僅燒掉教科書，連父親給他的圖書館也給燒掉。

海爾蒙特在年輕時就寫道：「每個人都認為到學校受教育是一條理所當然的路，但是受教育後所要追求的東西，我不用念書就已經有了。我不知道我到底要什麼，我不知道讀書的意義在哪裡？沒有人知道我心中長期的不安與痛苦。如果我不知道讀書的真正意義，我相信我所花的時間與努力，終將付諸東流，轉眼成空。」

海爾蒙特拒絕讀書，他的家人為了他的未來著想，強迫他去學校，甚至安排他進入當時的教育重鎮羅凡，接受一堆名師多方教導。在他不滿十九歲的時候，就已經待過很多學校了，只不過他從來沒在任何一家畢業過。家裡人甚至都快要對他失望了，同學也在背後嘲笑他，一時間海爾蒙特的壓力非常大，他經常在夜深人靜時，獨自到小樹林裡去哭泣，覺得自己是塊無用的「木炭」。

但就在這樣的夜晚，上帝終於聽到了這塊「木炭」的哭泣，為他開啟了一扇門。

他閱讀了一本書——金碧士所著的《效法基督》，這本書改變了海爾蒙特的一生，也將海爾蒙特的一生變得和別的科學家不同——他既是位化學家，又是位煉金術士，他的一生就是魔法和科學的無間隙結合。

閱讀了此書不久，海爾蒙特開始變得愛讀書，他瘋狂地讀書，以彌補年少時期，不愛讀書留下的錯誤。

一六〇九年，三十一歲的他終於拿到了人生第一張畢業證書，取得了醫師資格。

按照朋友和家人的期望，海爾蒙特可能會一直往醫生的道路發展，但他卻再一次出乎所有人的意料，在化學的道路上越走越遠。他繼承小時候愛燒東西的習慣，燒掉六十二磅的木頭，最後只剩下一磅的灰，他將消失的那六十一磅稱為氣體（GAS），他也是這個英文單字的創始人；他經過實驗，改變了當時人愛吃汞物質的習慣；他首次提出「酸鹼中和生成水」的概念；他甚至用管子伸入胃中抽取胃液，研究胃液對食物分解的功能。

值得一提的是，雖然海爾蒙特投身化學，但他對於魔法還是存在著不可磨滅的幻想，在他最著名的「由水生木」的實驗中就可以得知。

有一年的春天，海爾蒙特像個農夫一般，種下了一棵柳樹苗，他深信所有的物質都是由水幻化而來的，包括動物、植物都是。他的這棵柳樹苗就是為了證實這個理論而種下的。

他精心照顧這棵柳樹苗，五年後再把它從土裡挖出來。根據測量，這期間泥土只減重兩盎司，樹苗卻增重到一百六十九磅，是原先種下時的三十多倍。

海爾蒙特斷言，這新增的三十多倍重量，正是水轉化而來的，因為他除了給小樹澆水外，沒有做別的事情。

他的實驗啟發了很多的科學家，為樹苗成長這一過程開創了研究的先河，儘管這一過程，後來被人們瞭解到是不完全的，因為樹苗的成長除了水，還有陽光、肥料等許多其他因素。

後來，這一研究被稱為「光合作用」。

IN視角

海爾蒙特曾信誓旦旦地對助手說：「如果你用一件髒襯衫堵住裝滿小麥種子的容器縫隙，大約在二十一天後，小麥的氣味就會發生變化，腐爛物會浸入到小麥殼中，然後將小麥變成老鼠。」他的助手目瞪口呆，可是海爾蒙特卻是滿臉期待的表情。從這件事上，我們也可以看出這個煉金術士，對於科學和魔法的觀點。

38

凡爾賽飛翔的羊

◎快眼看實驗

地點：法國巴黎凡爾賽宮門外。

時間：一七八三年九月十一日。

主持人：約瑟夫・孟戈菲、蜜雪兒・孟戈菲。

目標：將動物送上天空飛翔。

特點：一人得道雞犬升天。

脫線指數：★★

可模仿指數：★★★★（沒有材質製作熱氣球，個人完全可以做做孔明燈過過癮，原理等同。）

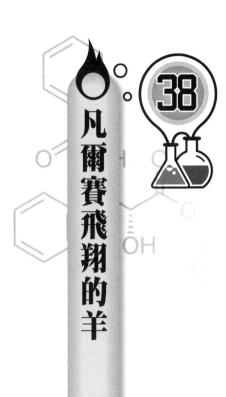

◎全實驗再現

一七八三年九月十九日，凡爾賽宮外的公園裡顯得尤其熱鬧，圍滿了看熱鬧的群眾。國王陛下路易十六也在場，他好奇地盯著試驗場中央的約瑟夫．孟戈菲和蜜雪兒．孟戈菲兩兄弟。這兩個異想天開的年輕人向他承諾說，他們可以將一隻羊、一隻鴨子和一隻公雞送上天去。

路易十六這一輩子見過鳥飛，還真沒見過羊、鴨子能飛的，就算公雞能展翅飛上枝頭，也沒這兩兄弟承諾的驚人。兩兄弟還煞有其事地跟他討價還價說，如果這三隻動物真的能飛上天，牠們將要進駐到皇家動物園中被妥善照顧，做為牠們為科學做出的獎勵；並且孟戈菲兄弟倆，也將得到他們實驗所需的所有費用。

這有何難？不過就是皇家動物園多養三隻動物，不過就是給他們一點錢。路易十六更關心的是，如果這三隻動物不能飛上天，該如何處置這兄弟倆，性格殘暴的路易十六瞇起眼睛，放任自己想像可能也是很「有趣」的場景。

孟戈菲兄弟進行的這次動物升空實驗，最重要的工具就是熱氣球。他們用熱氣將一個重達兩百二十五公斤、體積八百立方米的氣球鼓起來，氣球下面掛著一個封閉的透氣性極好的籃子。他們將一隻羊、一隻鴨子和一隻公雞放進籃子中。

事實上，這並不是孟戈菲兄弟第一次進行熱氣球實驗，早在一七八二年，約瑟夫把紙屑扔到火爐中時，無意中發現紙屑不斷上升，受了很大的啟發。十一月，他用一件襯衫進行第一次實驗，然後又使用縫成「立方形」的綢緞布料。在進行實驗時，他成功地讓這塊綢緞布料，上升到他公寓的天花板上。

十二月，兩兄弟在阿諾內相聚，進行同樣的實驗：他們用紙製作一個立方體紙箱，使立方體紙箱升起三十米高。他們當時以為是煙致使立方體紙箱上升，因此故意用濕草和羊毛燒火產生濃煙。

一七八二年十二月十四日，他們用熱氣讓三立方公尺的氣球鼓起來，使這個氣球上升。一七八三年四月，氣球製造完成，進行了初步的實驗（用繩索繫住氣球），四月二十五日，氣球被釋放了，升到高空並到達四百米左右的高度。

一七八三年六月四日，孟戈菲兄弟用這個氣球進行第一次當眾實驗，氣球上升到一千多米高，並在起飛之後十分鐘，降落在離起飛地點兩公里遠的地方。當時在場的一些眾議員寫報告給巴黎科學院。

這次，為了得到資助，孟戈菲兄弟來到凡爾賽宮。這個有史以來最大的氣球被釋放，很快攀升到五百米左右的高度，漸漸消失在路易十六的視線中。

「動物真的飛天了！」圍觀的群眾莫不高呼，路易十六也很感興趣，命令侍者沿著熱氣球消失的方向去找尋。

後來，在距離放飛熱氣球三千五百米左右的距離發現了三隻動物，牠們全都安然無恙。

這個實驗完美地證明了，動物升空不會導致死亡。

路易十六很滿意，按照之前談好的條件，獎勵了他們和三隻動物。

IN視角

動物升空不會導致死亡，那麼人類呢？當時孟戈菲兄弟很好奇這個問題，終於在一七八三年十一月二十一日，他們用熱氣球進行了第一次載人飛行實驗。氣球從巴黎西部的布洛涅林園起飛，在空中持續了二十五分鐘，最後降落在今巴黎十三區的義大利廣場附近。

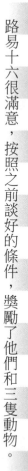

39

彩虹研究者

◎快眼看實驗

地點：德國。
時間：一三〇四年～一三一〇年間。
主持人：弗賴貝格。
目標：發現彩虹如何產生的。
特點：破壞了彩虹的詩意。
脫線指數：★★★
可模仿指數：★★★★（知道了彩虹的原理，這個實驗就特別容易重現。）

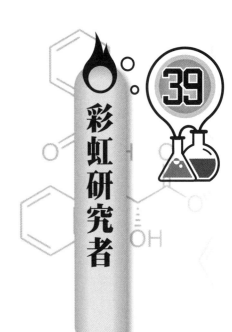

◎全實驗再現

雨後的天空經常會掛上美麗的七色彩虹，不僅僅是文人墨客，科學家們對於彩虹也有濃厚的興趣，他們一直努力追尋彩虹的祕密。

有科學家猜測，彩虹是對日輪的反射；也有科學家認為，雨中的雲霧就像是一面反射鏡，將日光反射成彩虹的模樣。

根據這些說法不難看出，雖然具體形成原因，值得科學家們進一步的探討，但他們基於彩虹的形成是有個共識的：彩虹是雨或者雲霧反射日光而形成的。

但問題又來了，既然是反射，為什麼不會反射成別的模樣，而一直是弧形狀呢？顏色的有序排列又該如何解釋呢？有的時候天空不只一道彩虹，而是兩道一起出現，這又是什麼原因呢？

德國聖多明我教會的牧師弗賴貝格針對這些問題展開了研究，在觀察過噴泉、瀑布以及蜘蛛網上的露珠所產生的彩虹之後，他得出結論：「當我們明白了一滴雨或者霧中所發生的事情後，我們就明白了（彩虹）是怎麼回事了。」

他將一個圓形的玻璃瓶裝滿水對準太陽，果然在地上出現了七彩的光影。但這個裝備只證明了太陽光只要穿過水，就能產生出不同的顏色，但值得關注的是，它並沒有產生彩虹。

一定還有別的辦法能讓彩虹現身！弗賴貝格將自己關在實驗室裡好幾天，終於想出了一個實驗的雛形。

他這次摒棄了圓形的玻璃瓶，自己親手製作了一個球形的水瓶，不再把這個看作是微縮的雲，而將之視為放大的水滴。弗賴貝格同時也改變思路，他只追蹤單獨的一道陽光。他先將陽光射入到水滴的上半部，發現光線在水滴內發生了彎轉，然後又在水中轉換了一個角度繼續前進。在這個特製玻璃瓶的另一面觀察，可以看到部分光線穿透瓶子，而另一部分繼續反射，最後在玻璃瓶的下方，朝太陽方向傳射過去，在這個過程中，光線也發生了一次彎折。

這樣的實驗反覆進行過很多次，弗賴貝格明白了陽光透過水和玻璃的反射，可以分成很多不同的顏色。人們在觀察彩虹時，之所以能夠看到彩虹的某種顏色，並不是太陽光原本就是那個顏色，而是在那個時刻，反射光線剛好直射入眼睛。首先人們會看到的是紅色，接下來是橙色、黃色、綠色、藍色、靛色，最後是紫色，並且我們肉眼看起來的彩虹是有弧度的。

彩虹的原理已經明晰，那麼兩道彩虹是什麼原因呢？帶著這個疑問，弗賴貝格又開始了新一輪的研究。他在追蹤射入球形玻璃下部的光線時，找到了問題的答案。光線還是一樣在瓶中發生折射，穿過瓶內的水到達瓶的後壁，發生二次折射，在水中穿行後又到達後壁，最後射向太陽方向，而在穿越瓶體時，光線又發生朝下的折射。

由此，弗賴貝格斷言，第二道彩虹是二次反射參與的結果，而光線在折射中會流失，也導致了第二道彩虹不如第一道那麼明亮。

因為解決了長久以來的困擾，弗賴貝格發現彩虹祕密的實驗，也被稱為「中世紀西方世界最偉大的科學貢獻」。

IN視角

弗賴貝格的實驗，在科學史上佔有重要的地位，他在實驗中使用到的元素特性推及整體性的方法，後來經常被科學家們用到，這就是著名的歸納法。但當時卻有很多文人頗為「討厭」弗賴貝格，因為他完全破壞了「彩虹的詩意」。

40 愛你所以吃掉你

◎快眼看實驗

地點：澳大利亞。
時間：二〇〇六年。
主持人：安德雷德。
目標：尋找性競賽和性選擇理論的最理想模型。
特點：實驗場景非常可怕。
脫線指數：★★★
可模仿指數：★（在澳大利亞特別是鄉村地區，每年都有被紅背蜘蛛咬傷致命的案例出現。）

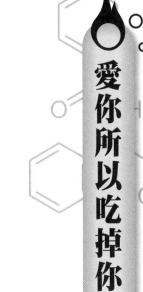

◎全實驗再現

愛你所以吃掉你，這不是恐怖片或者愛情片裡的橋段，而是發生在澳大利亞紅背蜘蛛——黑寡婦身上的真實場景。

眾所周知，在自然界中，有些動物的雌性會為了更好地養育下一代，會在交配之後吃掉雄性。銷魂一度後被自己的情人吃掉，在螳螂、蜘蛛的世界中，都不算是稀奇的事。許多生物學家更是把這解釋成雄性一方為繁殖後代，而做出的必要犧牲，就更有幾分化作春泥更護花的浪漫氣息。

然而，澳大利亞的生物學家安德雷德，研究了澳大利亞最劇毒的紅背蜘蛛後發現，真相遠沒有這樣詩情畫意。

在實驗之前，安德雷德就知道在動物種群中，隱藏著強烈的自私本能——不惜任何代價，以取得生存和成功繁殖。但對澳大利亞紅背蜘蛛的研究讓她明白，自然界動物的殘忍本性遠遠在她的想像之外。

對澳大利亞雄性紅背蜘蛛來說，生命的全部就是性愛和死亡。如果幸運的話，牠們還能有機會將自己的精液，射入到雌性蜘蛛的身體裡，生下帶有自己血緣的下一代。不幸的話，身材比雌性紅背蜘蛛嬌小的牠們，在生活條件艱難、缺少食物的環境下，還未交配前就被雌蜘蛛當了美食。

在這個關於最毒物的研究中，安德雷德及同事將一些雄性紅背蜘蛛放在菲爾蒙當中，菲爾蒙是一種動物釋放出來，做為一種交流方式的化學資訊素，通常表達了一種性的需求。在這個實驗中，這些蜘蛛不能看見和碰到牠們周圍的其他蜘蛛，牠們只能嗅出潛在的配偶。

安德雷德及同事們在實驗中發現一個有趣的現象，當一隻雄性紅背蜘蛛聞到有異性出現時，會自主地讓自己的身體快速成熟，以期和對方交配；如果牠沒有聞到異性的味道，則會「慢慢」地成長，以便儲存一些時間和精力，為去漫長遙遠的地方，尋找異性伴侶做準備。

實驗室中的雌蜘蛛先是散發出誘人的氣味，吸引雄蜘蛛的到來。而雄蜘蛛到來後，為了展示交配的意願，牠們輕輕地拍打那像拳擊手套一樣的觸鬚，身體興奮地顫抖著。

雌蜘蛛如果對雄蜘蛛沒有特別的敵意，就可以開始交配行為了。經過雄蜘蛛一段時間的努力，最終將精液注入雌蜘蛛體內時，雌蜘蛛也開始了自己的「捕獵」行為，牠們會將消化液注入雄蜘蛛的身體，然後貪婪地吞食雄蜘蛛的腹部。

整個過程無異於最重口的恐怖電影。

雌蜘蛛在食用雄蜘蛛的過程中，會有觸鬚稍稍鬆開的情況，每當這個時候來臨，還沒被吃乾淨的雄蜘蛛就會試圖掙脫雌蜘蛛的捕食，但一切都無濟於事。雌性紅背蜘蛛肥壯碩大，比體態羸弱的雄性紅背蜘蛛重五十倍以上。瘦小的「丈夫」被困在肥胖的「妻子」編織的死亡之網中，被薄情的「妻子」津津有味地一口一口吃掉。

在這場精心策劃的交配行為中，雄蜘蛛付出了生命的高昂代價。因此，牠們之間的關係也被安德雷德視為關於性競賽和性選擇理論的最理想模型。她認為，雄性鼓勵了雌性食同類的傾向，把自己送入了雌性蜘蛛的嘴裡，與自己的精子共同成為了雌性的一部分。

IN視角

從安德雷德的結論中不難看出，她趨向於認為，雄性紅背蜘蛛是自願獻身的。理由是，雄性紅背蜘蛛在交配時，故意將身體伸到雌蜘蛛的嘴邊，讓雌蜘蛛有機會吃掉自己。即使牠有機會逃走，牠也不逃。但也有另一部分科學家反對她的觀點，他們認為雌蜘蛛之所以要吃掉雄蜘蛛，不是雄蜘蛛自願獻身，而完全是出於雌蜘蛛富有侵略的天性。他們親自實驗出六十多隻這種蜘蛛在雄性接近的時候，就迫不及待地將牠們吃掉，甚至有些富有侵略性的雌性，在雄性僥倖逃脫後還主動出擊。

41 狗改不了吃屎

◎快眼看實驗

地點：加拿大的溫哥華大學實驗室。

時間：一九八一年八月。

主持人：生物學家阿比蓋爾。

目標：弄清狗吃屎的原因所在，糾正寵物的不良習慣。

特點：被觀察對象的行為不是一般的重口。

脫線指數：★

可模仿指數：★★★★★（本來就是阿比蓋爾博士專門給有寵物的人謀福利的實驗。）

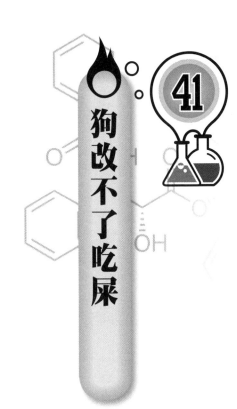

◎全實驗再現

一九八〇年的某一天，阿比蓋爾正在自己的實驗室中，冥思苦想研究課題，一位老朋友上門求救了。

「阿比蓋爾，你幫我管管這個小東西吧！」老朋友約翰將一隻毛茸茸的可愛小狗，塞到阿比蓋爾的懷裡，「牠實在是太讓我失望了！」

「發生了什麼事？」阿比蓋爾撫摸著小狗毛茸茸的腦袋問，牠睜著無辜的大眼睛看著他，渾然不知自己是怎麼惹到主人了。

「這個小東西是我從狗市上買回來的，牠父母都是曾經在狗狗比賽中獲得過冠軍的好狗，照遺傳學來說，牠也不會太差。可是，牠跟了我一個月，我也糾正了一個月，牠就是改不了吃屎的毛病。不管我打牠還是獎勵牠，都沒辦法做到完全杜絕這個壞習慣。」約翰失望地看著小狗，又將希望投注到阿比蓋爾身上，「老朋友，你可以幫我吧？」

就這樣，還沒想到實驗選題的阿比蓋爾無奈留下小狗，負責觀察牠的行為。

經過幾天的觀察，阿比蓋爾發現約翰的小狗，在吃的「屎」上是有選擇性的，牠吃一部分人類的或者其他動物的排泄物，而自己的幾乎不碰。

是不是這些排泄物中，剛剛好有小狗需要的營養成分呢？

阿比蓋爾將小狗選擇吃下的排泄物，帶回到實驗室中做化驗，透過精準的分析，阿比蓋爾發現這些排泄物中都含有硫胺素（維生素B[1]）。

發現了這個問題後，阿比蓋爾開始給小狗餵食一定量的維生素B[1]，兩週之後，小狗就完全改掉了吃屎的習慣。

當約翰來領自己的小狗時，阿比蓋爾向他解釋了小狗吃屎的原因，並且得意洋洋地說：「這下，我可以發表論文了。」

約翰想了一下，反駁他道：「我認為這個原因不能做為所有狗狗吃屎的解釋，我的狗愛吃排泄物，是因為排泄物裡有牠需要的營養素，但是有另外一些狗，只愛吃自己的屎，你該如何解釋呢？」

阿比蓋爾被約翰問住了，於是又開始了新一輪的研究。經過大量的觀察實驗，阿比蓋爾發現，慢性胰腺缺陷、吸收不良綜合症（營養吸收不良）和飢餓會導致狗吃屎。在這些情況下，糞便中會有大量未消化的食物，狗在吃自己的糞便時，提高了糞便吸收的營養價值，也改善了自己的營養不良。並且，值得注意的是，這些疾病在狗開始吃屎前，便會進一步惡化。

阿比蓋爾將自己的研究發現撰寫成文，發表在一九八一年的《獸醫學研究》日報上。在這篇文章中，他也承認自己的研究存在空白之處，有些吃屎的狗，營養良好並且沒有任何潛在的健康問題。關於這些健康的狗為什麼吃屎，他並沒能搞清楚原因。

IN視角

針對阿比蓋爾的疑問，有人假設說，狗吃屎是狗在進化過程中，遺留下來的清潔行為。也有人說，吃屎的習慣是狗從小培養的。母狗會舔幼崽的生殖器和肛門，促進牠們排尿以及排便，然後吃掉糞便從而保持窩的清潔。幼崽從母狗以及其他小狗身上學到了這種行為，但大多數幼崽在斷奶時才會停止學習。吃屎的行為會伴隨牠們到成年，那時牠們可能已經習慣了糞便的味道。而有些特別健康的狗狗也吃屎，或許僅僅是因為無聊，或者是尋求關注，或者因為牠們很焦慮。

42 世界上性慾最強的動物

◎快眼看實驗

地點：美國賓夕法尼亞州立大學。
時間：二十世紀六〇年代。
主持人：馬丁・斯琴和愛德格・黑爾。
目標：瞭解火雞的最低性刺激點。
特點：有情有慾有逍遙，火雞也瘋狂！
脫線指數：★★★★
可模仿指數：★★★★★（只要道具準備好，雄火雞就會全力配合你。）

◎全實驗再現

馬丁．斯琴是美國賓夕法尼亞大學生物系的教授，和其他生物學家不同，他研究的領域相當「狹窄」——只研究火雞這一種生物。

火雞也稱吐綬雞，原產於美國和墨西哥，棲息於溫帶和亞熱帶森林中。野生火雞喜棲息於水邊林地，體型比家雞大三～四倍，體長一百一十～一百一十五公分，翼展一百二十五～一百四十四公分，體重二．五～十．八公斤。牠的頸、足像鶴，嘴尖冠紅且軟，爪子鋒利，能傷人。雄火雞尾羽可展開呈扇形，胸前還有一束毛球。

在美國的飲食中，火雞是很重要的食材，每到感恩節，幾乎家家戶戶的節日宴會上，都有一道必不可少的特色名菜——「烤火雞」。

正因為火雞跟美國人民的生活如此貼近，在開始從事研究生涯時，馬丁．斯琴就將火雞做為自己的研究對象。

這天，臨近下班的時候，馬丁．斯琴突然有了一個想法，他興沖沖地來到自己的同事兼好友愛德格．黑爾的辦公室，興高采烈地對他說：「黑爾，我有個好想法，是別人沒有研究過的領域。」

黑爾也很感興趣：「是什麼領域還未有人涉及？」

「火雞的性能力！」馬丁，斯琴興奮地看著同伴，期待能得到他的支持。

但讓他失望的是，愛德格．黑爾對於這個領域不是那麼有興趣，他抱歉地對馬丁．斯琴說：「這個領域確實是沒人研究，但是我不認為它有研究的價值。」

「別這樣，朋友。」馬丁．斯琴勸他說，「我從現有的資料研究，發現火雞可能是世界上性慾最強的動物，你對這個難道沒有興趣嗎？」

愛德格．黑爾猶豫了，對生物學家們而言，人類之所以能夠「脫猿為人」，除了書本上講的「勞動」這個原因之外，還有生物學上的兩個因素，發揮了關鍵的作用，即人類的雜食性、人類發情交配的弱週期性和隨意性。於是，在性和性的活動上，我們再一次強調了人類的高級性，想當然地授予人類「性活動九段選手」的稱號。但是，如果火雞的性能力比人類還要強，那自然是可以做為研究對象的。

愛德格．黑爾答應了馬丁．斯琴的邀請，他們抓來一隻雄火雞，讓牠和一個製作非常逼真的雌火雞模型同處一室。

正如兩位生物學家預料的那樣，雄火雞剛走進實驗室，就對雌火雞模型產生了極大的興趣，幾乎是立刻顯示出想要和對方交配的意願。

在進一步的實驗中，他們逐次把雌火雞模型上的部位一塊塊取走，先是腳、屁股、翅膀……他們希望瞭解雌火雞身體的變化對雄火雞性趣的影響，並確定能夠喚起火雞性慾的最低條件。讓兩位生物學家大吃一驚的是，當模型只剩下一根木棍支著頭，雄火雞的熱情仍然沒有絲毫減弱的跡象。

實驗結束後，愛德格·黑爾和馬丁·斯琴撰寫論文斷定，火雞是地球上性慾最強的動物。

IN 視角

雖然愛德格·黑爾和馬丁·斯琴得出了「火雞是地球上性慾最強的動物」的結論，但他們的實驗過程，卻遭到了其他生物學家們的非議。最引起爭論的，是他們僅用了一隻正值壯年的火雞來做實驗，其代表性和可靠性是遠遠不夠的。有生物學家提出，如果那隻火雞恰好是吃了帶有春藥性質食物呢?是不是會極大影響實驗結果呢？對於這些異議，愛德格·黑爾和馬丁·斯琴並未做出進一步實驗來說明。

43 短命的雙頭狗

◎快眼看實驗

地點：前蘇聯。
時間：一九五四年。
主持人：德米科夫。
目標：創造兩個頭的狗。
特點：誰說創造生物只是上帝的能力？
脫線指數：★★★★★
可模仿指數：★（這是一種逆天的行為。）

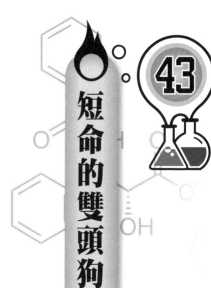

◎全實驗再現

在非常多的科幻小說中，「變態」科學家們總是妄圖靠創造新的物種，來挑戰上帝的神聖地位，以顯示自己是無所不能的天才。在現實生活中，也有一位這樣的「變態」科學家，他就是前蘇聯的生物學家德米科夫。

一九五四年，當德米科夫尋求實驗靈感時，他閱讀到了一則希臘神話故事。這個神話故事中有一隻雙頭狗，由擁有三個身軀的泰坦神革律翁飼養。牠與歐律提翁負責守護「日落之島」厄律忒亞的牛群，厄律忒亞島是赫斯珀里得斯仙女所居的島嶼之一。海格力斯最終殺死了雙頭狗、歐律提翁和革德翁，然後把牛帶走，完成了他的第十件英雄事蹟。

德米科夫心動了，如果說自己能夠炮製出一隻雙頭的狗，那自己豈不是跟神明站在了同樣的高度，一定能轟動整個科學界。

事實上，在這之前，德米科夫已經做過相關的實驗。早在一九四六年，他曾嘗試為一隻狗實施世界上首例心肺移植手術，在接下來的幾年中，他又移植了狗身上的幾乎所有器官。一九五二年，德米科霍夫成功實施了世界上首例「活狗換心」手術，但這隻狗只活了五個月。

基於曾經研究的成績，德米科夫覺得自己也能創造出神話故事中，那樣擁有兩個頭的怪物。

一九五四年，帶著這個想法，德米科夫終於開始了他轟動世界的實驗之旅。他利用外科手術，在莫斯科市郊實驗室，把一隻小狗的頭、兩肩和兩隻前腿，移植到一頭成年德國狼狗的頸上。

雙頭狗在德米科夫的細心照料下，在手術後的第二天就甦醒了。牠看起來非常怪異，而牠發現自己脖子上多出第二個「狗頭」後，一開始顯得相當困惑，還試圖搖晃脖子，想將第二個腦袋甩掉，但牠很快就容忍了這個無法解釋的腦袋，和它共同生存。

而備受關注的，移植過來的第二個「狗頭」也能打哈欠、從碗中舔水進食，在術後的第二天，一切看起來都很順利。然而，在大約六天後，由於組織排斥，兩個「狗頭」和牠們的共同身體全都死掉了。德米科夫在第一隻「雙頭狗」面世後的十五年裡，又炮製了二十隻雙頭狗，最長命的一隻也只活了一個月。由於實驗違背倫理道德，德米科夫也被世人視為不遜於「納粹份子」的殘暴科學家。

IN視角

德米科夫除了炮製雙頭狗之外，還恢復過死狗的心跳。他先是把一隻狗放到熱水裡淹死，二十六分鐘後，他開始「復甦」這隻狗，經過人工呼吸和輸血，這隻狗竟奇蹟般地復活了。

一天後，這隻「復活」的狗就開始活蹦亂跳，和其他狗看起來沒有任何區別。因此，德米科夫認為，人體心臟停止跳動後大約一個小時，大腦才會死亡。

雖然德米科夫對於科學做出了貢獻，但他實驗的過程和手法卻頗受世人詬病。

44 伽利略 VS. 月球上的伽利略

◎快眼看實驗

地點：月球。
時間：一九七一年八月二日。
主持人：大衛・斯科特。
目標：測量不同重量的物體在月球上的下落速度。
特點：伽利略有何牛？在月球上做斜塔實驗才叫拽！
脫線指數：★★★
可模仿指數：★（先上得了月球再來談論實驗細節。）

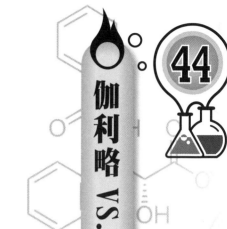

◎全實驗再現

不同重量的物體從高空落下，究竟是輕的先落地還是重的先落地呢？

古希臘權威思想家亞里斯多德（西元前三八四～三二二年）曾經斷言：物體從高空落下的快慢和物體的重量成正比，重者下降快，輕者下降慢。比如說，十磅重的物體落下時，要比一磅重的物體落下快十倍。

這個理論在今天看來無疑是荒謬的，但對當時的人來說，亞里斯多德說的話就是真理，他絕對不可能會犯錯。於是，這個錯誤的觀點被認為是真理，被人們信奉了幾百年。

直到一位年輕的數學講師，對於這個「真理」產生了懷疑。

他假設說，如果有一輕一重兩塊石頭，同時從高空落下，按照亞里斯多德的說法，重的那一塊必然會以更快的速度下降，而輕的那塊下降速度則會遜於重的那塊。但是，如果把兩塊石頭綁在一起呢？由兩塊石頭組成的這塊新石頭，該以誰的速度下降呢？

按照亞里斯多德的理論，將會得出兩個截然不同的結論。一方面，新石頭的下降速度應小於第一塊大石頭的下降速度，因為加上了一塊以較慢速度下降的石頭，會使第一塊大石頭下降的速度減緩；另一方面，新石頭的下降速度又應大於第一塊大石頭的下降速度，因為把兩塊石頭綁在一起，它的重量大於第一塊大石頭。

但這兩個結論是不可能同時出現的，這也就說明，亞里斯多德的理論是錯誤的。

根據自己的初步推論，這個年輕的數學講師得出一個新的結論：物體下降速度與它的重量無關。如果兩個物體受到的空氣阻力相同，或將空氣阻力略去不計，那麼，兩個重量不同的物體，將以同樣的速度下降，同時到達地面。

為了證明自己的觀點，這個年輕的數學講師決定做一個實驗。

一五八九年的一天，年僅二十五歲的他帶著助手及對手來到著名的比薩斜塔。他登上塔頂，將一個重一百磅和一個重一磅的鐵球同時拋下。在眾目睽睽之下，兩個鐵球出人意料地，差不多是一齊落到地上。

這個實驗結果令在場的所有人都驚訝極了，大家面面相覷，不知道該說些什麼。

這個年輕的數學講師也因為這個著名的比薩斜塔實驗而青史留名，他的名字叫做伽利略。

伽利略推翻了亞里斯多德的理論，用事實證明，輕重不同的物體，從同一高度墜落，加速度一樣，它們將同時著地。

這是在地球上的實驗，當人們仰望星空的時候，不禁又聯想出另一個問題來：在月球上呢？

眾所周知，月球上的地心引力，只是地球上的六分之一，在阻力如此小的情況下，物體的重量是否能影響其下墜時間呢？

在伽利略比薩斜塔實驗過去三百多年後，宇航員大衛・斯科特在實況攝影機前進行了一項實驗：在沒有空氣的月球大氣中，他同時放下一片羽毛和一把重量為羽毛四十倍的錘子。

當實況攝影機向地球回傳圖像時，他們驚訝地發現，在月球上的實驗結果竟然和地球上的相同，不同重量的兩個物體，同時降落在了月球表面，再次在月球上證明了伽利略理論的正確性。

IN視角

兩個實驗都足夠瘋狂，一個是挑戰受到世人敬仰的大師，另一個是將實驗帶到了太空之上。但瘋狂本身不是目的，它只不過表現了人類的求知慾。無論何時何地，無論什麼樣的人，都有透過自己的方式瞭解未知世界的權利。在伽利略實驗之後，也有人提出異議，在日常生活中，我們經常會看到：一個瓶子比一片樹葉下降快，一個錘子比一片羽毛下降快。你能想明白這是什麼原因嗎？

45 人類的祖先是水母

◎快眼看實驗

地點：美國馬里蘭州。

時間：二〇一三年十二月。

主持人：安迪·巴克塞瓦尼。

目標：從基因角度研究人類真正的祖先。

特點：漫漫尋根路，瘋狂也執著！

脫線指數：★★★

可模仿指數：★★（有一種政府才能從事的高大上研究叫基因研究。）

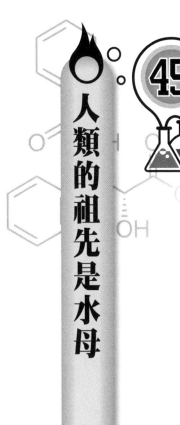

◎全實驗再現

人類到底是從什麼動物進化而來的？有科學家提出，是水母。

在過去的很多年，人們將水母說成是簡單而原始的動物。就像牠的親戚海葵和珊瑚蟲一樣，水母的結構一點也不複雜，牠沒有腦袋，也沒有前胸後背，更沒有腿和鰭。牠的內臟就像是一條管子，嘴和肛門的作用差不多，沒有大腦，只有一套彌散的神經網絡。甚至，在文藝復興時期，人們將牠視為植物。到了十八世紀，生物學家們才不情願地將水母列為動物行列，他們將類似水母這樣的動物，定位為腔腸動物，是介於動物和植物之間的定位。

在水母中，有一種特殊的群體叫做櫛水母，牠是和水母、海蜇相似的膠狀海洋生物，牠的基因序列還沒有被人類收錄。美國馬里蘭州的安迪·巴克塞瓦尼教授和他的助手在試圖彌補這個空白時，無意中發現櫛水母的基因組和所有的物種的基因組都相似。牠與所有動物都有著（基因意義上的）血緣關係。這個驚人的發現，很可能就意味著：所有的物種都是從櫛水母進化來的。

在這個研究結果沒被發現前，科學家們一直認為，人類是從海洋裡的無脊椎海綿動物進化而來的。但海綿動物沒有神經系統或肌肉，當科學家認為牠們是我們最早祖先的時候，曾經假設經過時間的推移，牠們進化成為其他動物併發展出了這些特徵。不過，櫛水母卻擁有這些特徵。這就加強了「牠們是人類最早的祖先」的可能性。

安迪．巴克塞瓦尼教授在接受採訪時談道：「從比較基因組學的角度來看，獲得櫛水母的基因組資料是極其重要的，因為牠使我們可以確定，早期動物身上所存在的身體和結構性特徵。這些資料還能為我們提供一個十分寶貴的結論，從而使我們可以確定，導致今天在動物界所存在的驚人多樣性的來龍去脈。」

IN視角

安迪．巴克塞瓦尼教授的論文在網路上發布後，引起了網友的熱烈圍觀。其中一句神回覆或許替很多人都說出了心裡話：難道我們都是海綿寶寶？科學家的研究真是越來越匪夷所思，如此研究下去，會不會有一天，人類變成了自然亂倫的產物？你相信水母是你的祖先嗎？

46

法老是最早的飆車族

◎快眼看實驗

地點：埃及探索協會。
時間：二〇一三年十一月。
主持人：克里斯．農頓。
目標：揭示法老神祕死因。
特點：人不風流枉少年！法老成年也瘋狂！
脫線指數：★★
可模仿指數：★★（飆車誠帥氣，生命價更高。）

◎全實驗再現

在埃及的歷史上，湧現了很多著名的法老，圖坦卡門就是其中最耀眼的一個。這位九歲君臨天下，十八歲暴亡，死因曾一度被認為是死於謀殺的法老，周身都被神祕色彩所籠罩。

事實上，圖坦卡門並不是在古埃及歷史上，功績最為卓著的法老，他被現代人廣為熟知的原因，是由於他的墳墓在三千年的時間內從未被盜，直到一九二二年才被英國人霍華德．卡特（英國考古學家和埃及學先驅）發現，挖掘出了大量珍寶，震驚了西方世界。

他的墓室口刻著神祕的咒語，巧合的是幾個最早進入墳墓的人，皆因各種原因早死，被當時的媒體大肆渲染成「法老的詛咒」，使得圖坦卡門的名字在西方家喻戶曉，進而成為很多動漫、小說創作的原型。

一九二二年，霍華德．卡特發現了圖坦卡門的遺骸，但直到現在，他的死因還是個未解之謎。關於他的死因，埃及考古領域有不同的說法，有人說他是死於謀殺，因為其頭骨有一處骨折，但這個說法很快被推翻；也有人說他是死於疾病，DNA檢測結果顯示，圖坦卡門生前得過瘧疾，並患有多種遺傳性疾病。他脊柱嚴重彎曲，右腳趾趾骨嚴重畸形，並處於惡化的狀態，一條腿骨折，綜合種種，考古學家認為：圖坦卡門是由足傷感染引發惡性瘧疾而死的可能性較大。但這種說法也沒能得到研究領域的認同。

二〇一三年十一月，埃及探索協會主任克里斯．農頓博士進行了一個「虛擬的屍檢」，他發現法老的受傷部位全在身體的一側。

這是個驚人的發現，克里斯．農頓博士根據實驗結果，又有了一個瘋狂的想法。史料上記載，圖坦卡門很喜歡戰車，他剛剛處在青少年叛逆的時期，他會不會和現代的年輕人一樣，也熱愛飆車這一高危險的運動呢？

克里斯．農頓博士請來自己車禍研究者朋友，對他講明自己的想法。朋友也被這個瘋狂的念頭吸引了，答應幫助他做了一個潛在車輛碰撞的電腦模擬。

實驗的設計是非常完美的，各部門配合也相當到位。當電腦模擬結束後，克里斯．農頓博士和他的朋友們都驚訝極了，他們的想法被電腦證實了，結果顯示二輪戰車輾壓到了圖坦卡門的身上，弄斷了他的肋骨、骨盆，壓碎了他的心臟，而當時他正跪在地上。

克里斯．農頓博士對朋友說：「沒想到圖坦卡門做為君主，竟然真的保留了青少年的這種叛逆。」朋友也感慨說：「這個研究發現一定會讓世界為之震撼。」

克里斯．農頓博士點頭：「這個結果也很好地解釋了，為什麼圖坦卡門是唯一沒有心臟的法老。」

「對。」朋友贊同道，「很顯然車禍使它破碎無法修復。」

就這樣，「車禍論」做為圖坦卡門死因的第三種猜測，被考古研究者們廣泛接受。

IN視角

除了車禍論的提出外，克里斯・農頓博士對於埃及法老的研究，還有個重要的貢獻，那就是圖坦卡門屍體自燃的原因。圖坦卡門的墓當年被發現時幾乎完好，出土了令人驚嘆的寶藏，金棺和黃金面具都讓世界為之轟動。但科學家們越對他進行研究，就越覺得這位年輕法老充滿謎團，他的屍體好像被燒焦，其死因成謎。當克里斯・農頓博士公布了其真實死因後，也同時解密了屍體燒焦的原因——並不是死於火燒，而是當時使用的防腐油發生化學反應，引發了木乃伊身體自燃。

47 守護陵墓的法老之蛇

◎快眼看實驗

地點：埃及。
時間：遠古時代。
主持人：不知名的煉金術士。
目標：保護法老金字塔不受侵害。
特點：一蛇當關，萬夫莫開。
脫線指數：★★
可模仿指數：★★★★★（完全可以隨時隨地重現的一個古老實驗。）

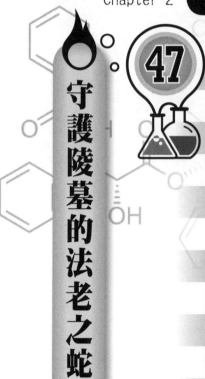

◎全實驗再現

在很久很久以前，日漸年邁的法老每天都鬱鬱寡歡，服侍他的隨從看在眼裡、急在心裡。這天，隨從正在宮殿門口的臺階上坐著唉聲嘆氣，一個煉金術士走過來，問他：「你不去服侍法老，在這裡唉聲嘆氣做什麼？」

隨從一看是法老信任的煉金術士，趕緊站起身來：「您有所不知，法老最近為自己身後事擔憂，他很害怕自己死後還未見到拉神，肉身就被破壞了。」

「為什麼會有這種擔憂呢？」煉金術士覺得不可思議，「按照慣例，法老的肉身都會被製作成木乃伊，存放在金字塔中，以備他從拉神處歸來後繼續統治埃及，從何談起遭到破壞呢？」

「總有些暴民的。」隨從隱晦地說，「法老擔心僅靠金字塔的防禦，不足以讓那些貪心的暴民畏懼，如果他們進入到金字塔中⋯⋯」

煉金術士明白了，原來法老擔心的是盜墓者見錢眼開，闖入金字塔中，拿錢的同時，很有可能會同時破壞了他的木乃伊。

「別擔心了，我來想想辦法。」煉金術士安慰道。

幾天之後，煉金術士求見法老，對法老說他研究出來一個絕妙的武器，可以保護法老未來的木乃伊不受到暴民的損害。

法老很感興趣，跟著煉金術士來到他的實驗室。

煉金術士將一些白色粉末撒到地上，點燃它們，然後奇蹟就發生了。

法老目瞪口呆地看著白色粉末快速燃盡後，從灰燼中升騰起巨大的蛇狀物體，它張牙舞爪想要將人吃掉。

跟隨法老進來的隨從兩腿發軟，要不是法老還在觀看，他已經逃出去了。

煉金術士滿意地看著法老的表情：「這就是為您而生的法老之蛇，它可以保護您的安全。」

「只是發揮恐嚇的作用？」

「當然不是！」煉金術士將法老及一群人請出實驗室，放了幾隻雞關到實驗室中，片刻之後再打開實驗室，雞全部都斷氣了。

法老大喜，命人重重獎勵了足智多謀的煉金術士，而「法老之蛇」也被一代代盜墓者敬畏著。

千年之後，隨著化學研究的進步，「法老之蛇」的真相才算是被揭開，這是一個著名的膨脹反應的化學實驗。實驗揭祕者將硫氰化汞加熱，硫氰化汞受熱分解時，體積迅速膨脹，變成蛇形。這個實驗的方程式：$4Hg(SCN)_2 = 4HgS + 2CS_2 + 3(CN)_2\uparrow + N_2\uparrow$。除了反應過程非常震撼之外，實驗中所用的硫氰化汞有劇毒，分解時也放出毒氣，這也是當時煉金術士能把幾隻雞毒死的奧妙所在。

IN視角

讓我們來一起重現「法老之蛇」的妙處吧！

1、工具和材料：糖粉一百克，小蘇打二十五克，百分之九十五的藥用酒精，直徑五公分左右的淺盤容器，滅火器等以備不時之需。

2、製作：

(1)將糖粉和小蘇打充分攪拌混合，得到粉末狀物質。

(2)將混合粉末放入淺盤容器中。

(3)在容器中倒入酒精，進一步攪拌混合，然後捏出一個便於點燃的尖頭。為了控制反應生成物的方向，可以考慮在粉末上方壓一圈阻燃物。

點燃之後，你就能看到一條黑「蛇」自己冒了出來，不過這個實驗可能產生少量一氧化碳，請在通風處進行。

48 眩暈的墜落

◎快眼看實驗

地點：美國德克薩斯州蘭道夫空軍基地。

時間：二十世紀四〇年代。

主持人：弗里茨、海因茨。

目標：創造出人體失重的環境。

特點：一二三牽著手，四五六抬起頭，七八九我們私奔到月球，讓雙腳去騰空。

脫線指數：★

可模仿指數：★★★★★（報名參加旅遊團即可。）

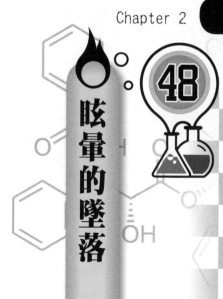

◎全實驗再現

上個世紀的四〇年代，功能強大的噴氣式飛機出世，它的出世不僅為機械界帶來巨大的變革，也為飛行醫學迎接新的挑戰。

飛行醫學在這一段時間做出了很多的成績：透過模仿飛行的不同過程，研究出了飛行對於人體各項機能的影響；透過離心機可以模仿加速情況下，人體壓力的遽增；透過實驗室裡的壓力裝備，測試出高空中氣壓下降人體會產生的變化。

面對已經取得的這一系列成就，德克薩斯州蘭道夫空軍基地，美國空軍航空醫院的弗里茨和海因茨兩位教授卻沒有欣喜之感，因為一個難題久久困擾著他們。

這個問題就是，如何在地球重力場的影響下，製造出失重感覺？

令人遺憾的是，弗里茨和海因茨兩位教授，在實驗室中想過千千萬萬種辦法，但都沒能在地球上製造出失重的環境。他們在《為從事航空醫學研究而製造失重狀態的辦法》中寫道：「我們猜測，在高空飛行過程中，人體失重也是個巨大的問題。但是當我們試圖在實驗室中製造出失重狀態時，一切努力都無濟於事。」

後來，他們終於想出了一個瘋狂的實驗辦法——將實驗場所搬到了高空中！讓一架飛機按照四十五度的曲線飛行，就會產生暫時的失重體驗。

如今看來，他們想出的辦法可能不值得一提，但在當時，這卻是個了不起的成就。要知道，那個時候還沒有宇航員，航太事業蓬勃發展也是在幾十年後。雖然當時最厲害的噴氣式飛機，能夠飛上幾萬英尺的高度，但在那個高度，地球重力的影響和在地面上沒有什麼差別。

弗里茨和海因茨兩位教授之所以能想到這個辦法，靈感來自於一個飛行員，他稱自己在飛機飛行時，突然關閉發動機，飛機隨即向地面墜去，當時他就處在了失重狀態。

弗里茨和海因茨兩位教授解釋說，就像一個人在墜落的電梯中，如果忽略電梯下落的阻力，那麼可以認為電梯和人的下降速度是相同的。在這樣高速的墜落速度中，人就會處於失重狀況。這個例子也可以給人們新的理念：人在高空中往下墜落，無論墜落的方式是怎樣的，其失重狀態都是一樣的。

為了使失重狀態維持得更久，弗里茨和海因茨兩位教授想出了一個辦法，讓飛機呈拋物線方向飛行。飛機先上升，然後在到達頂點後，沿著和上升軌跡對稱的曲線墜落。飛機中的飛行員以同樣的角度和速度下降時，他就能體驗失重狀態。按照計算，這個失重狀態的時間可以延長至三十五秒。

弗里茨和海因茨兩位教授的研究，在一九五一年前還處在理論階段，在一九五一年，一位飛行員證實了他們的觀點。他透過四十五度的拋物線飛行，經歷了二十五秒的失重。這位勇敢的飛行員在事後對兩位教授描述說，他在那二十秒內，像丟失了身體。失重讓他持續眩暈，但他並沒有失去身體的協調性。

拋物線飛行，從兩位教授發明之日起，一直到現在，都是宇航員們必須經歷的訓練課程，只不過他們的訓練地點，改成了在美國宇航局特製的訓練機 KC-135 中進行。

由於幾乎所有的宇航員都說他們會在訓練中出現眩暈的感覺，因此這個訓練機也被稱為「眩暈轟炸機」。

IN視角

如果有人想要見識一下 KC-135 的風采，可以看看湯姆・漢克斯的電影《阿波羅13號》，電影中就租借了這部特製飛機。如果有人想體驗失重的眩暈感，也可以乘坐伊爾-76飛機。伊爾-76飛機成為推薦給遊客的旅遊項目，打破了歷來都是宇航員獨享失重感受的局面，讓普通人也有了一次當「宇航員」的機會。

49

沙漠中的病菌實驗

◎快眼看實驗

地點：猶他州的杜格威實驗基地。
時間：一九五五年七月十二日。
主持人：威廉．提格特上校。
目標：測試生化武器對人體的傷害。
特點：使人致病而不是治病！
脫線指數：★★★★
可模仿指數：★（類似的實驗很難再得到任何一個國家的批准。）

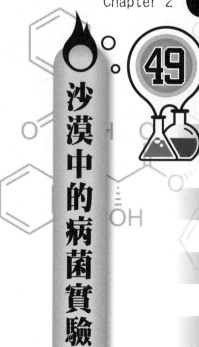

◎全實驗再現

一九五五年，威廉・提格特上校終於守得雲開見月明。他一直苦惱的實驗對象的問題，終於得到解決，有人向他推薦了基督再臨派教會。

說到基督再臨派教會，在當時可謂是無人不知、無人不曉，其信仰不允許信徒參軍，但又宣揚愛國、奉獻精神；不允許信徒抽煙、喝酒，甚至連咖啡也不能喝，同時鼓勵素食。對威廉・提格特上校的實驗來說，他們是再合適不過的志願者。

推薦者對威廉・提格特上校說：「你很難找到這樣具有奉獻精神，卻又有強健體格的志願者了。」

威廉・提格特上校動心了。他要做的實驗，是美國陸軍第一次，也是美國歷史上承認的唯一一次用人體進行生化武器的投放實驗，他需要找出O型熱的病原體對人體會有怎樣的傷害。

威廉・提格特上校清楚地知道，日本和俄國人在二次世界大戰時期，都用人體做過生化武器的實驗，並且透過種種殘忍的手段，取得了不凡的成績。因此，美國政府雖然表面上譴責這種實驗，暗地裡卻是支持的，從一九四三年起也進行過一系列類似的實驗。不同的是，美國政府允許的是在猴子身上做實驗。威廉・提格特上校曾對自己的助手說：「如果我們利用生化武器攻擊一座猴子山，我們會清楚地知道將發生什麼；但如果用生化武器空投人類的城市，我們誰都不知道會發生什麼。」

在這樣的背景下，威廉・提格特上校申請進行在人體中進行生化武器的實驗。實驗被批准了，志願者卻招攬不到，直到有人向他推薦了基督再臨派教會。

威廉・提格特上校找到基督再臨派教會的負責人，向他詳細講述了實驗過程及崇高目的。教會負責人積極回應了，他說：「參與這項實驗，對我們的年輕人來說，不僅僅是參與一項重要的軍事醫學研究，他們將為全體國民的健康做出貢獻。」

能得到基督再臨派教會的支持，威廉・提格特上校喜不自勝。他帶著三十個年輕人，來到猶他沙漠中的杜格威實驗基地。

在一九五五年七月十二日的這個夜晚，天氣晴朗，是進行實驗的好時機。基督再臨派教會的三十名年輕人洗淨身體，穿上新衣服，來到沙漠中央。隨著一聲輕響，大約一升帶有O型熱的病原體的溶液被灑向夜空。

O型熱病原體，是一種能夠引發強烈頭痛和肌肉疼痛的病菌。

實驗結束後，這三十個年輕人會被快速送到實驗室中重新洗澡，在紫外線燈下消毒殺菌，殺死殘留的微生物，而他們實驗中所穿的衣服會做焚燒處理。然後，他們將回到配備有電視、雜誌、娛樂設施的單人房中，等待頭痛症狀的出現。

實驗前，威廉・提格特上校曾預言，這次實驗大概有一個人可能會面臨死亡。因為據之前猴子的測試結果，O型熱病原體導致的死亡率在三十分之一。而實驗結果是，三分之一的人都染上了病。

一九五五年到一九七三年，共有兩千兩百名年輕人參與了類似的實驗。加上炭疽病、鼠疫、傷寒、腦膜炎等，威廉．提格特上校領導的美國陸軍，共進行過一百五十三項的生化武器實驗。他們有個共同的祕密名字——白衣行動。

IN視角

儘管當時的威廉．提格特上校和基督再臨派教會的領導人，將這項實驗說得崇高無比，當時的年輕人也是自願參與。但若干年後，當這些年輕人變成老年人，再次接受採訪時，他們說：「當時，我一個人都不認識，感覺像被騙了一樣。」

在實驗當年，也有人質疑，一個崇尚非暴力的教會組織，支援生化武器的實驗是不是有違教義？

白衣行動的學者稱志願者全部都是自願獻身的，並且在實驗過程中，也是可以隨時退出，並不違反教義。無論真相如何，類似的實驗在今天的社會，已經是很難獲得批准了，畢竟它對人體的傷害太大了。

50 研究大腦的愛迪生

◎快眼看實驗

地點：西班牙科爾多瓦的阿拉米里拉農莊。
時間：一九六三年春日的一個夜晚。
主持人：何塞・M・R・德爾加多教授。
目標：研究電擊對於人類和動物行為的影響。
特點：科學面前，瘋牛也變乖。
脫線指數：★★★
可模仿指數：★★★（能制伏鬥牛，將控制器安裝到腦袋裡就一切完美啦！）

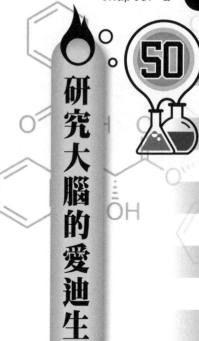

◎全實驗再現

一九六三年春日的一個夜晚，在西班牙的一個小莊園裡，人們目睹了驚心動魄的一幕——在童年時短暫學過「舞紅布技巧」的何塞．M．R．德爾加多教授，獨自站在一頭重達兩百五十公斤的鬥牛面前。在這之前，何塞．M．R．德爾加多教授也做過一次相同的實驗，但在那次實驗中，何塞．M．R．德爾加多教授並沒有親自上場，而是由一個經驗豐富的鬥牛士負責將牛激怒，他自己則站在遠遠的隔板之後觀察實驗結果。

但這次不同，有了上次的成功經驗，何塞．M．R．德爾加多教授決定親自上場制伏已經瘋狂的公牛。雖然他的朋友和同事都勸他不要冒這個險，但何塞．M．R．德爾加多教授對自己的實驗結果很信任，堅持自己上場，朋友們都為他捏了一把冷汗。

何塞．M．R．德爾加多教授站在龐大健壯的鬥牛面前，不是不害怕，但他還是勇敢地揚起了手中的紅布。他在實驗當天西裝革履，右手猛力揮舞著紅布，左手則拿著電流控制器。

在幾天之前，他就已經和助手們來到了這個小農莊，將無線遙控電極植入到公牛的大腦裡，他相信憑藉自己的辦法，能夠讓暴躁的公牛冷靜下來。

公牛被紅布所刺激，朝著披著紅披風的何塞．M．R．德爾加多教授衝過來，就在牠越奔越近的時候，何塞．M．R．德爾加多教授迅速脫下紅披風，左手則按下了電流控制器。

奇蹟發生了——

電流接通了，一毫安培的電流穿過公牛的大腦，憤怒的公牛止住了腳步，順從地離開了。

何塞．M．R．德爾加多教授的朋友們都被這一幕折服了，他們為教授的勇敢和實驗的成功而鼓掌。但同時目睹這一幕的西班牙報紙界的記者們卻不那麼開心，第二天他們用大篇幅的文字報導了這個實驗，標題是「遙控鬥牛」、「他們奪走了我們的鬥牛士」等，內容也是對這個實驗沒什麼好評。而《紐約時報》後來也報導這個實驗，何塞．M．R．德爾加多教授說，自從《紐約時報》報導後，他每天都能收到大量的來信，人們憤怒地指責他「控制了他們的大腦」。

後來，何塞．M．R．德爾加多教授從西班牙遷移到了美國，擔任耶魯大學的教授，他的實驗一直都沒有停止。在耶魯大學先進的實驗設備支援下，他將電極植入到公牛的大腦中，透過刺激使之產生特定的行為方式。他還透過同樣的方式，使猴子打哈欠或者讓貓保持進攻的態勢。後來，他甚至像很多人所控訴的那樣，控制羊癲瘋病人保持友好、侃侃而談的狀態。

何塞．M．R．德爾加多教授相信，對大腦進行電流的刺激，是瞭解生物社會行為的鑰匙，他同時也預言，透過這樣的方式，可以創建一個健康的心理文明社會。在這樣的社會中，人們可以透過技術手法實現「更幸福、更少破壞力、更平和」的社會環境。

IN視角

在耶魯大學的生活中，人們經常將何塞・M・R・德爾加多教授稱為「發瘋的科學家」或者「研究大腦的愛迪生」，因為他對於建立一個健康的心理文明社會，有著執著的熱情。他相信，人們透過對大腦的控制，能夠將生活變得更加美好。他舉例說，如果一次癲癇病的發病，能夠透過電腦識別出來，進而得以避免，其實是對癲癇病人的保護。在他的實驗之後，他研究的領域在一段時間內被人們忽略。但在二〇〇七年，有一位科學家重拾了他的實驗精神，對一個昏迷了六年的病人使用了大腦電擊，結果這個病人重新甦醒了過來，成為風靡一時的新聞。

51 隱形斗篷

◎快眼看實驗

地點：中國。

時間：二〇一〇年～二〇一三年。

主持人：浙江大學陳紅勝教授。

目標：造出世界首件隱形斗篷。

特點：可讓任何物體在視線內「消失」。

脫線指數：★★

可模仿指數：零（科學家說了，理論通過了，可是沒有超級材料。）

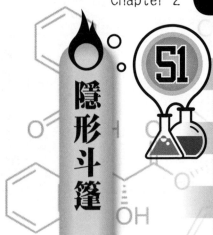

◎全實驗再現

每個孩子從小都曾有過一個夢，那就是如果有一件神奇的斗篷，只要一披上，誰也看不到自己，可以隱身穿梭在人群中，甚至進行許多神祕的任務。

這個夢一做就是好多年，當看到電影裡哈利波特的隱身斗篷，那枚戴在手指上就「消失」的魔戒，都是圓夢的過程。

全世界的科學家，都在這個領域執著地堅持著實驗研究，就是希望有一天，可以真正實現這個兒時的夢。

在中國浙江大學的實驗樓裡，有兩個房間，幾乎每天晚上都亮著燈直到深夜。陳紅勝教授帶著他的研究團隊，在此已經奮戰了三個月，他們和另一個系的工程師馬雲貴教授領導的小組，打了一個「賭」，比比看誰能製造出類似「隱身斗篷」的物品。

陳紅勝教授進行的實驗，是藉助了一條魚和幾株水底植物，而魚缸裡有個六邊形奇怪造型的透明裝置，魚缸外有臺攝影機負責拍攝實驗的過程。小魚在魚缸裡悠閒地游動，可是五分鐘過去了，小魚就是不靠近魚缸中心那個六邊形的裝置，似乎覺得很奇怪，實驗人員也是乾著急沒辦法。八分鐘時，小魚終於游向了那個六邊形的透明裝置，就在這時，神奇的一幕發生了！攝影機裡竟然突然消失了小魚的蹤影，只有那個詭異的六邊形裝置和微微擺動的水底植物，大概三十秒左右，突然看到小魚探出個頭，然後從那個六邊形透明裝置邊緣游了出來。

這一幕讓陳紅勝教授喜形於色，他終於成功了！隨後，他還嘗試了貓、小白鼠等小動物，那個神奇的六邊形透明裝置，真正實現了「隱身」的效果。

但另一組參與「賭」的研究團隊特別淡定，他們緊隨其後發表了自己的實驗結果，與陳紅勝教授的「隱身」裝置不同，他們所設計出的是可以避免被金屬感應器，或是熱感應器檢測到的裝置，儘管只有火柴盒的大小，但馬雲貴已經透過實驗驗證，火柴盒內若有物品，用熱感應和金屬感應，壓根兒就發現不了其中的玄機。

馬雲貴說他的技術若可以放大，則可以被軍方所用，比如類似龐德一樣的特務人員，他們再也不用費心思考是否會被攝影機檢測到而警鈴大作了。同樣，如果是應用在飛機上，尤其是戰機，可以擺脫熱導彈感應器的追蹤，在戰場上，爭取一秒鐘都是可以逆轉戰局的。

儘管各位教授專家用實際行動告訴大家，這「隱形斗篷」的理念是絕對有機會實現的，但問題在於，目前製造出的都是小裝置而已，如果要實現那個真實的夢，簡直是太難了。

IN視角

在國外紛紛研究最新超級材料時，中國科學家興奮地宣布，中國設計的「隱形斗篷」理論上是沒有問題的！但是，目前沒有實現這一理論的超級材料，所以無法進行生產，估計還得幾十年後才有希望。

52

神奇的超級材料

◎快眼看實驗

地點：英國曼徹斯特大學。
時間：二〇〇四年。
主持人：物理學家安德列．傑姆和克斯特亞．諾沃塞洛夫。
目標：石墨烯的應用。
特點：世界上最硬卻也是最軟的材料。
脫線指數：★
可模仿指數：★★★★（儘管實驗過程比較高科技，但這種探索未知的精神希望大家都能擁有。）

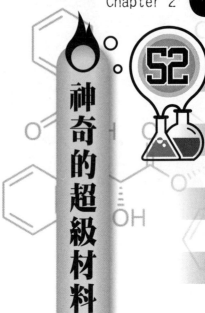

◎全實驗再現

近年來，智慧電子設備領域的花樣層出不窮，賈伯斯啃了一口的蘋果，讓全世界都為之瘋狂，為多少家中怨婦帶來了新的曙光，因為用「蘋果」的男人們都必須每天夜裡回家充電。無論是外形、設計、螢幕還是觸感，都讓人們對智慧手機有了新的認知。相較之下，熱門了那麼多年的老大哥諾基亞，突然就在蘋果和三星的戰爭中銷聲匿跡了。

過去的時代，諾基亞是時尚的代名詞。如今，只有人們在不小心摔裂了蘋果或三星的螢幕時，才會在那一刻緬懷一下諾基亞的抗摔能力。

賈伯斯過世之後的蘋果，瞬間股價就跌了，IPHONE 5C的出現，簡直就是直接打了蘋果一巴掌，也直接將市場大開門戶，拱手相讓給了三星。韓國的三星異軍突起，快速佔領了智慧手機的市場，並且不斷挑戰極限。

對於智慧手機的將來，蘋果、三星和隱匿的諾基亞都盯上了一種材料，誰能最快速度把這種材料收為己用，誰就是下一個電子時代的老大。這個人人爭搶的材料，叫做「石墨烯」。這是一種比鋼材更強韌，比塑膠更柔軟，但電傳導功能比金屬還好的新型材料，也是世界上已知的最堅硬、最柔軟、最薄的奈米材料，差不多是透明的，肉眼幾乎是無法察覺的。

二〇〇四年，英國曼徹斯特大學的兩位物理學家安德列・傑姆和克斯特亞・諾沃塞洛夫，將石墨烯搬到了實驗室，他們的實驗方法非常簡單，就是不斷地重複將石墨一分為二，剝離出更薄的石墨片，這個動作重複到最後，得到了僅有一層碳原子結構的薄片——石墨烯。而這個操作異常簡單的實驗，僅僅因為石墨烯，的出現而讓兩人在二〇一〇年，共同獲得了諾貝爾物理學獎。

石墨烯問世的消息，對已經沒有新花樣的智慧手機來說，簡直就是量身訂做的天籟之音，各大手機生產商都在大量收購石墨烯。根據科學家的預測，全球行動電子設備的銷量將於二〇一六年達到八千四百七十億美金，而未來的五年，將會生產價值一百九十億美金的可穿戴電子設備，這些都直接說明，在未來電子設備市場中，奪得頭籌的關鍵在於誰能掌握石墨烯的開發技術。

IN視角

由於石墨烯的特殊性，既是世界上最硬的材料，也是世界上最軟的材料之一，它的稀有造成了量產的可能性極低，目前也只是初級開發用於電子設備當中。希望將來的某一天，會藉此啟發創造出更多神奇的東西。

53 諜戰中的「戰鬥機」

◎快眼看實驗

地點：美國。

時間：二〇一三年。

主持人：軍火商洛克希德馬丁公司。

目標：研發新型間諜產品。

特點：間諜最佳的必備物品。

脫線指數：★★★

可模仿指數：★★★★（從此再也不敢在周圍有石塊的地方隨意言談。）

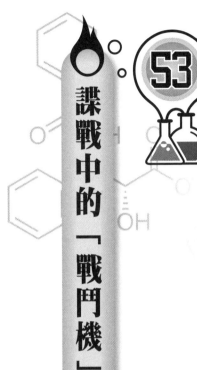

◎全實驗再現

弗蘭克拉低了帽簷，從政府大樓前走過，隱入了一旁的小巷，五分鐘後又從小巷另一側出來，在廣場和公園繞了一圈後，回到了政府大樓對面的酒店。打開房間的門，他從皮箱中拿出一堆電子設備，十分鐘後，顯示螢幕、監聽器、操控電腦等一系列監控設備開始了運作，畫面中赫然是政府大樓的各個角落，尤其是議員的辦公室，幾乎是三百六十度無死角的監控。

弗蘭克是名特工，既要做監控的工作，還得幹著間諜的工作，他最欣賞的就是 007 龐德。所以自從成為一名特工，就在時刻模仿著龐德，穿著優雅的燕尾服，魅惑地抽著雪茄，他相信有一天，自己也能成為像龐德一樣出名的特工。

弗蘭克最近的任務就是監控議員的一切舉動，因為鄰國一項重要的議案需要議員的通過，而弗蘭克正在監視的，正是其中可以發揮決定作用的角色。在行動之前，弗蘭克不能輕舉妄動，只能進行二十四小時的監控。他花了一週的時間在政府大樓附近觀察，摸清了那裡的作息時間和換班的幾組保安，同時也在一直思索究竟用什麼樣的監控設備，才能完美實現任務的要求。

傳統的監控器材肯定是難以進入大樓的，議員辦公室每天都有保安檢查是否有監控設備。所以選擇的監控設備必須是最不引人注意，也不像監控器材的東西。為此，弗蘭克有點著急，就向特工組長請教有什麼好用的監控產品推薦，特工組長告訴弗蘭克，最近美國軍火商洛克希德馬丁公司宣稱研發出了一種最新型的間諜產品 SPAN，尺寸非常小，而且是自己供電的 WIFI 系統，內有感測器可以自行啟動，一旦觸發的話，就可以進行多層面的監視，最神奇的是，這種 SPAN 竟然可以安裝在石塊裡。

弗蘭克半信半疑地買了一批「石塊監控器」，然後悄悄將「石塊」放進了議員辦公室的花盆裡。當弗蘭克離開政府大樓轉進小巷的時候，「石塊」已經自行打開了攝影功能，進行多角度二十四小時監視。這種新型的間諜產品，就是洛克希德馬丁公司進行祕密軍事實驗所研發的產品。他們其實更希望這類產品可以用於對無人地帶的監控，畢竟人們不可能經常出現在無人區，而一堆石頭扔在那裡，也是見怪不怪的。最可貴的是，這種新型的間諜產品，價格並不高，這讓馬丁公司瞬間就賺了個盆滿缽滿。

IN視角

這款產品的面世，對保護自己隱私的人們來說是個噩夢，但對具有高度政治前瞻眼光的國家和政府來說，這將是最可怕的祕密武器。

54 伴你喜憂的內衣

◎快眼看實驗

地點：美國微軟公司。
時間：二〇一三年。
主持人：Mary Czerwinski。
目標：感應心情並幫助調節飲食的胸罩。
特點：內衣的潛在功能。
脫線指數：★★★★
可模仿指數：★★★★★（療癒系內衣，從此迎接火辣身材和愉悅心情。）

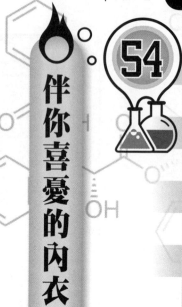

◎全實驗再現

揉了揉肚皮，勞倫終於放下了刀叉，靠著椅背休息片刻，接著揉了揉紅腫的眼睛，又湧起了想要吃點甜食的衝動，無奈肚子實在已經裝不下，只得作罷。

勞倫今年三十五歲，是一名百貨公司的管理者，她生活過得還算逍遙，唯一讓她覺得遺憾的，就是至今也沒有一段穩定得可以走向婚姻殿堂的感情。

兩個月前，經朋友的介紹，勞倫與哈瑞共進了晚餐。席間，哈瑞略帶靦腆卻透著些精明的眼神，瞬間吸引了勞倫。好吧，她承認自己是典型的外貌協會成員，而哈瑞的確看起來是無可挑剔的。那天的晚餐兩人聊得非常投緣，又接著去了酒吧繼續邊喝邊聊，勞倫心想，哈瑞一定就是上帝派來結束她單身生活的使者，不知不覺就喝多了。

過了許久，勞倫迷迷糊糊地醒來，頭痛異常，睜開眼發現是陌生的房間。她一下子驚醒，看到身邊同樣裸身的哈瑞，還有酒店房間散落一地的衣服，那感覺實在有點奇怪，既興奮又失落。畢竟，這是她期望可以共度一生的男人，而這一切發生得太快了。

待哈瑞醒來，勞倫有點困窘地遞上一杯水，說要去上班了，哈瑞見狀給了勞倫一個溫存的吻，直吻得她心頭亂顫。

自從那天之後，哈瑞搬進了勞倫的公寓，兩人開始了甜蜜的愛情生活。

可是一週前，勞倫發現了哈瑞的帳單，竟然是負債累累。而與此同時，還發現哈瑞竟然背著自己與另一名女子歡愛的痕跡，還是在自己的床上。

兩人大吵一架，哈瑞收拾了行李，毅然決然地離去。

那之後的一週，勞倫都不知道自己是怎麼過的，每天渾渾噩噩如同行屍走肉，從早到晚不停地吃東西，尤其是甜食，簡直就是欲罷不能。唯有吃東西的時候，似乎才能忘記哈瑞帶給自己的那些傷感的回憶。

短短一週的時間，勞倫胖了整整二十斤，那個曾經窈窕性感的女人變得肥胖起來，身邊的朋友勸來勸去也沒有作用。

勞倫也意識到了自己的問題，去找了私人心理醫生，醫生建議勞倫與他的一位微軟的朋友聯繫，據說有款新型產品，可以幫助勞倫恢復正常的生活。微軟的研究員 Mary Czerwinski 給了勞倫一件普通的內衣，同時給勞倫的手機安裝了一個程式，並告知勞倫盡量每天都穿著這件內衣，而且內衣中有個小小的感測器，需要每四小時更換一次電池。

勞倫按照要求每天穿著內衣，手機也時刻在收集她的心情紀錄以及飲食資料，並保持每兩天與研究員的會面。每當勞倫因為心情不好而開始大吃特吃時，手機就會響起類似鬧鈴般的警報聲，提醒勞倫要平靜下來，直到她調整好心情，放棄多餘的食物，警報聲才會停止。

Mary Czerwinski 說：「很多女性的過度飲食都是由情緒引起的，所以我們想到用這樣一個女性每天必須穿戴的內衣，做為我們測試其情緒和飲食變化的儀器，這非常有效。當然，我們也想過為男性設計一款，但目前還沒有真正開始進行研發。」

IN 視角

對廣大自我高要求的女性朋友們來說，這簡直就是本世紀的最佳福音。內衣不再只是裹束的物件，或是誘惑男人的道具，搖身一變成為真正與女性的內心感受共起伏，還能督促形成健康良好飲食習慣的好幫手。女性不僅可以保持火辣身材，更可以有個貼心小知己，而且是永不會背叛的那種。簡直就是超級療癒，居家旅行必備良品！

55

快樂奔跑的機器人

◎快眼看實驗

地點：美國。

時間：二〇〇六年。

主持人：科學家霍德・利普森、維克托・濟科夫、喬希・邦加德。

目標：能自我修復的智慧型機器人。

特點：損壞後能進行自我修復，繼續未完的工作。

脫線指數：★★

可模仿指數：★（機器人可以做很多事，但自我修復已經有了「思維」的部分，絕對是個巨大的挑戰。）

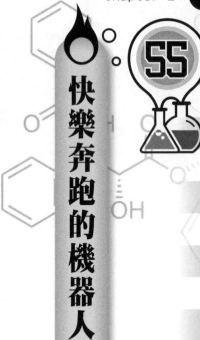

◎全實驗再現

威爾和伊芙琳是一對幸福的夫妻，對於電腦領域的深入研究，尤其是人工智慧領域的研究，首屈一指，他們最好的朋友馬克斯，也是與他們共同進行科研的夥伴。威爾研究出了具有感知和自我意識的機器人，這個備具爭議的實驗，讓威爾一舉成名，也引發了反科技人士的關注。

在威爾被殺後，思夫心切的伊芙琳將其與智慧型機器人連接，並獲得了具有威爾意識的智慧型機器人，最終，伊芙琳在馬克斯的幫助下終結了一切，而機器人在最後一刻終於顯現出愛的情感。

這是《全面進化》的場景，也是影視工作者們，在若干進行人工智慧的探索中的一個展現。從早時期的《終結者》，到《疑犯追蹤》，無一不在思索當人工智慧發展到最後的階段，人類將會面對怎樣的結局，究竟是人與機器並存和諧發展，還是機器終將取代人類？

當然，藝術領域的探討充滿了想像的空間，也可以毫無保留地展現，但在實際生活中，想要製造出真正具有自我「意識」的人工智慧機器人，絕不是一件簡單的事情。

迄今為止，絕大多數的機器人，只是應用在相對穩定的環境中，而且工作內容也非常簡單機械。因為一旦將機器人放在室外工作，那麼一定會面臨一個困境，那就是機器人很容易被損壞，一旦損壞，任務就必須終止無法繼續。

為了解決機器人對於環境的適應能力，科學家們進行了各式各樣的實驗，其中，利普森、濟科夫和邦加德也是其中的一員，但他們在無數失敗的實驗之後，終於研發出一種能夠在損壞後，進行自我修復的智慧型機器人。

大多數的機器人，都是需要按照程式師事先設定好的程式執行任務，而智慧型機器人的工作原理，則是先感應並且自行分析組成自己的各個部件的功能，然後再根據具體的反應，來自行制訂相應的行動程式。當環境發生變化時，機器人可以進行相應地調整，從而使行動程式也產生變化，而若是自身的某個部位受到損傷，機器人也可以立刻準確地感知到，並且迅速設計出一種新的應對行動程式。

利普森為機器人設定奔跑的行動程式，觀察其正常情況下的奔跑速度為每秒鐘二十六公分，然後他們截掉一段機器人的「前腿」，觀察機器人的行動。他發現一開始也是混亂的場景，機器人的奔跑速度瞬間下降為每秒鐘八公分。在奔跑過程中，明顯受損的機器人不斷調整自己的姿勢，直到二十分鐘後，它似乎終於發現了一種新的跑法，又將速度提升至每秒鐘二十公分。雖然看起來有點詭異，但它依然快樂地奔跑著。

所以在實驗過程中，雖然看起來機器人是幾條腿同時走路的狀態，但實際上機器人並不認為自己是幾條腿的生物，在它的理解當中，自己既可以像樹一樣站立行走，也可以像蛇一樣遊動，一切取決於它自己的計算，哪種姿勢是最省力省時的。

IN 視角

當機器人可以在損壞後進行自我的修復，誠然為人類解決了許多麻煩，但也是機器人萌生「意識」的開始。這種意識的產生，究竟是好事還是壞事，恐怕是誰也說不清楚，誰也不能擔保會不會有一天真的出現《終結者》中無法挽回的災難。還好，目前實驗研發出的機器人，實際上還是非常呆萌的。

56

擁有三個父母親的嬰兒

◎快眼看實驗

地點：英國紐卡斯爾大學。
時間：二〇一五年。
主持人：愛麗森．默多克。
目標：改變疾病遺傳基因。
特點：有三個父母親的嬰兒。
脫線指數：★★★
可模仿指數：★★★★★（一旦成功，將會在全世界大規模複製。）

◎全實驗再現

二〇一三年，英國衛生部首席醫務官達姆．薩利．大衛斯（Dame Sally Davies）極力推動英國政府通過一項法案，這在英國乃至全球醫學界都引起了軒然大波。因為這項法案一旦通過，那麼世界上將會出現擁有三個父母親的嬰兒。這項法案，就是基因療法。

每年因為遺傳基因缺陷夭折的嬰兒數量龐大，他們之中的大部分，往往在出生後幾個小時內，就不幸夭折。在英國，每六千五百個嬰兒當中，就有一個線粒體 DNA 存在嚴重缺陷。這種缺陷會導致大約五十種遺傳疾病，而這些遺傳疾病目前尚屬不治之症，這使得很多攜帶有缺陷線粒體的女性，不得不放棄生育的權利。

而基因療法針對的，正是有遺傳基因缺陷的母親。這項技術能把母親卵子中的缺陷 DNA 和提供者的 DNA 進行替換，來自母體的遺傳基因的「生殖細胞系」會被改變，健康的線粒體將被保留，最終產下一個健康的嬰兒。

早在二〇一〇年，英國紐卡斯爾大學不育不孕中心，就已經成功地培育出數十個經過基因治療的人類胚胎。在愛麗森．默多克教授的指導下，研究人員將健康女性捐獻的卵子透過試管受精技術受精，在培育出的胚胎成長幾個小時之後，研究人員從精子和卵子中移除細胞核 DNA 或基因，同時留下健康的線粒體。接著，研究人員再使母親的卵子與配偶的精子，及移除的細胞核 DNA 結合，注入捐贈者的卵子中，最終獲得了一顆健康的受精卵。

愛麗森．默多克教授說，透過這種方法培育的卵子中，遺傳物質絕大部分來自於親生父母，而線粒體也是健康的。達姆．薩利．大衛斯也表示，基因替換沒有涉及決定個體構成，如外貌和眼睛顏色的基礎基因，並不存在道德上的問題。

然而，這項法案的推進遭到了現實的阻力，最大的阻力來自於倫理上的爭議。對人類胚胎生殖細胞系的修改至今還是醫學研究領域的禁區之一。不少人認為，這一技術一旦被允許，將會逐漸失控，並導致複製人的出現。而另一種阻力來自於對相關技術的不成熟。實際上，從一九九〇年開始，科學家就已經開始著手對有遺傳缺陷的嬰兒進行基因治療，但成果並不令人滿意，出現過因基因療法啟動了致癌細胞，導致被治療嬰兒患上白血病，以及在基因治療過程中，發生事故導致患者死亡的案例，這令很多人擔心基因療法的安全性和成功率。

正因為如此，基因治療法案的通過，遭受到了重重阻力，至今仍然是爭議極大的話題之一。

基因療法究竟值不值得推廣?也許患者的聲音，才是我們最該傾聽的。

線粒體疾病遺傳基因攜帶者莎倫．貝納蒂說：「如果科學家和醫生將來能夠避免這種悲劇重演，雖然對我來說是太遲了，但對廣大線粒體疾病患者而言，無疑是福音。」

IN視角

雖然達姆・薩利・大衛斯表示，他的研究不會引起道德方面的問題，但人們對於有三個父母親的嬰兒還是抱持懷疑態度。當這些嬰兒長大後，面對長久以來，只有父母親兩人的社會傳統，該有什麼樣的心理變化？如果這三個父母親之間，發生嬰兒「搶奪」撫養權的問題，法律又該站到哪一邊？

57 喝不醉的啤酒

◎快眼看實驗

地點：澳大利亞。

時間：二〇一三年八月。

主持人：Ben Desbrow。

目標：不會宿醉的啤酒。

特點：全世界飲酒者的福音。

脫線指數：★

可模仿指數：★★★★（無需模仿，只要等待這款啤酒上市即可。）

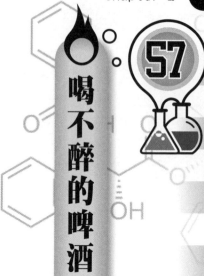

◎全實驗再現

口乾舌燥、頭痛、胃部不適、噁心、頭暈、脫水，所有難受的感覺呼嘯而至，你整個身體已經不受控制。但是就在僅僅幾個小時之前，你還在盡情享受著美酒。一下子從天堂落入地獄，於是你發誓，再也不要放縱自己。但是沒幾天之後，你還是無法抵擋酒精帶給你的一切。朋友聚會、公司應酬，種種不可拒絕的因素，讓你再次硬著頭皮和酒精抗爭，但毫無疑問的，你將再一次成為它的手下敗將。於是你在心中高喊，請給我一瓶不會喝醉的啤酒！

恭喜你，現在你的願望達成了，因為不會令人宿醉的啤酒已經成為了現實。澳大利亞 Griffith Health Institute 研究中心的 Ben Desbrow 教授和他的團隊，已經找到了喝酒不會醉的祕訣。

要解決喝酒不會醉的問題，首先要弄明白宿醉的原因。宿醉一直是困擾酒徒的最大問題，調查顯示，百分之七十五的飲酒者都經歷過宿醉，而導致宿醉的酒精飲用量，從一杯啤酒到上千毫升都有，也就是說，宿醉這個問題，並不會因為你飲酒的數量很少而避免。當然，一般而言，飲酒越多，宿醉就越嚴重。不過現在，雖然宿醉某些症狀的起因尚未完全揭曉，但科學家們已經找到了宿醉的主要原因——脫水。

飲酒之後，酒精進入血液，就會導致大腦中的腦下垂體抑制後葉加壓素的生成。缺少後葉加壓素，將會使人體無法吸收水分，而是將飲用下的水透過腎臟直接輸送到膀胱，並排出體外。研究同時表示，人體在攝入兩百五十毫升的酒精飲料後，會排出八百到一千毫升的水。這就是說，飲酒之後，人體流失的水分相當於攝入水分的四倍。嚴重的脫水導致水分、鹽和鉀的缺失，使人肌肉痠痛、疲倦、協調性差，大腦收縮並產生疼痛感。

為了解決脫水的問題，Ben Desbrow 教授找到了一個補充水分的最佳選擇——電解質。他稍稍改變了啤酒的配方，成功地將大量電解質成分加入到啤酒中。電解質含有鈉離子、鉀離子、鎂離子、氯離子等成分，能夠迅速為人體補充水分、葡萄糖和鉀等成分，大大緩解飲酒導致的脫水，也就不再會產生宿醉這樣令人煩惱的後遺症了。

而更令人期待的是，Ben Desbrow 教授的研究即將變成現實，喝不醉的啤酒將不再是一個傳說，而是飲酒者杯中最好的安慰。只不過，千萬別讓它成為你貪杯的理由哦！

尋求宿醉的人，除了是貪杯者之外，還有失戀、事業不順者。如果不會宿醉的啤酒上市之後，這些人們會不會又懷念宿醉的感覺呢？而且人們對於 Ben Desbrow 教授的實驗成果，還抱有另一個懷疑態度：增加電解質的啤酒是什麼味道呢？會不會沒有原來的好喝呢？這些問題，也只能等到啤酒上市之後，經過市場的考驗才會有答案了。

58

有皮膚的機器人

◎快眼看實驗

地點：美國加利福尼亞大學伯克利分校。

時間：二〇〇三年。

主持人：阿里．賈維尼。

目標：製造出以假亂真的機器人皮膚。

特點：機器人也有感覺！

脫線指數：★★★★

可模仿指數：★（高科技新研究成果「非專勿擾」。）

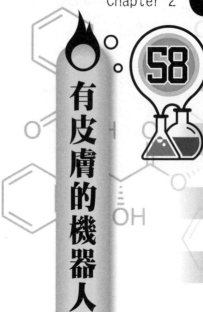

◎全實驗再現

我們在很多電視、電影甚至文學作品中，都曾看到過機器人的角色，這些機器人擁有與真人一樣的外形、身高、毛髮、肌膚，頭、頸、腰、臂、手等身體主要部分，均能如真人一樣擺出多種姿勢和動作。它能代替人類做簡單的工作，比如醫院裡的服務臺、旅遊景區的導遊等，在部分文藝作品中，機器人甚至能產生情感，和人類談起戀愛，除了無法生育子女外，其餘都和真人無異。

文藝工作者的這些天馬行空的幻想，給科學家們帶來了實驗靈感。加利福尼亞大學伯克利分校的阿里·賈維尼教授，在看完一部機器人和真人愛戀的作品後，突發奇想對自己的助手說，他要製作出最仿真的機器人。

助手不以為然，仿真機器人已經有很多科學家在研究，但他們幾乎都卡在了一個問題上：如何將機器人做得更加人性化？其中最重要的一個環節就是皮膚問題。

機器人是否能做到完全逼真，很大程度上取決於皮膚的製作手感。在手感達到要求之後，皮膚上是否如人手般感覺到外來觸感，也是需要解決的問題。

阿里·賈維尼教授經過成千上萬次的實驗，終於研究出了一種電子感測器。這種微型儀器可以嵌入到電子皮膚中類比觸碰反應。接觸到電子皮膚時，皮膚表面的LED燈會亮起來，同時給出相應的反應。

阿里·賈維尼教授在接受採訪時說：這項科技可以做成智慧繃帶，用於監控重要器官，也可以做成互動式牆紙，或者應用到機器人身上。

當然，應用到牆紙和機器人身上的電子皮膚完全不同，如果想要仿真機器人像真人一樣打字、畫畫、打球，或者是更精細的動作，就必須使用到更龐大的一個矩陣排列壓力感測器的設備。根據壓力的分布來點亮 LED，原理和平常使用的智慧機螢幕類似，不同的是，這個電子皮膚非常柔軟，像極了人類的皮膚。

阿里．賈維尼教授在採訪中向記者透露了電子皮膚的製造程序：研究人員在矽晶元表面鋪上一層聚合物，用標準半導體製造工藝分層插進電晶體、OLED 和壓力感測器，最後揭開表面的聚合物，「赤裸裸」的電子皮膚就造好了。

這個電子皮膚觸覺敏感，反應時間只有一毫秒。這樣的皮膚製造工藝複雜，成本會相對高，但是好處是可以用到現有的製造生產線，所以今後商業化可以降低成本。

下一步，阿里．賈維尼教授將帶領他的團隊，給電子皮膚加上對溫度、亮度的感應，試圖將仿真進行到底。

IN視角

有不少「充氣娃娃」的愛好者們看到阿里・賈維尼教授的這個研究成果後，紛紛表示如果阿里・賈維尼教授的這個成果能大量生產，他們一定會購買。因為這樣一來，他們就擁有了和真人一般的「女／男朋友」，它們不僅能摸起來像是真人，也能和真人一樣有「感覺」，當然的，也比真人更好「溝通」。和這些充氣娃娃愛好者的喜悅相對的，社會學家們卻表示了擔憂，如果這一天真的到來，人與人之間的交往會不會出現了挑戰呢？也許到那時，人人都可以抱著機器人過日子，完全不需要真實的另一半了。

59

吃藥就能瘦

◎快眼看實驗

地點：法國巴斯德研究所。

時間：二〇一三年。

主持人：湯瑪斯・柏瑞思。

目標：研究出能幫助那些殘疾的或不能運動的人，也能享受運動的化合物。

特點：減肥者福音！

脫線指數：★

可模仿指數：★★★（靜候化合物上市就好了。）

◎全實驗再現

二十歲的雪麗是一個肥胖症患者，她每天對著自己的身材發愁，吃得少，肉長得多，是她最大的痛，為此，她甚至想過輕生。

她和好友聊起這件事，好友告訴了她一個好消息。

雪麗的好友是法國巴斯德研究所的初級研究員，自幾年前，和自己的頂頭上司談起過雪麗的狀況後，她的頂頭上司湯瑪斯．柏瑞思教授就給予了高度的關注。社會上像雪麗這種，想減肥卻無從下手的人太多了，他從那時起，就想研究出一種能不用運動，也能產生運動效果的化合物來幫助他們。這種化合物也能幫助那些身有殘疾，或因為各種原因不能運動的人，使他們也能充分享受到運動的樂趣。

在研究這種化合物之前，湯瑪斯．柏瑞思教授研究出，人體的肌肉中含有一種稱為 REV-ERB 的蛋白質，它是主管新陳代謝功能的。

有了這個研究基礎，湯瑪斯．柏瑞思教授和同事們研究出一種人們不用運動，就能給人帶來運動效果的藥。這種藥能影響 REV-ERB 的蛋白質水準，促進人體的新陳代謝速度，使膽固醇水準正常化，並維持良好的睡眠品質。

不久之後，《紐約時報》對這項藥品的實驗進行了報導，報導中稱研究者們發現，當這化合物被注入肥胖的小白鼠體內，小白鼠會瘦下來，甚至是那些進行高脂飲食的小白鼠。比起沒接受注射的小白鼠，被注射的小白鼠在一天中消耗更多的能量。

這個實驗結果，充分證明了研究者的初衷——這種化合物在小白鼠的肌肉裡，進行了「看不見」的運動，促進了牠的新陳代謝。雖然湯瑪斯．柏瑞思教授和他的同事們都知道，常規有氧活動的象徵之一，是它增加了線粒體的活動和數量，線粒體細胞結構在肌肉裡消耗氧產生能量。但在《紐約時報》報導這項實驗時，他們還不知道自己研究出來的化合物是如何對肌肉產生作用的。

為了攻克這項難題，湯瑪斯．柏瑞思教授帶領同事們，對一組肌細胞蛋白質含量低的小白鼠做了實驗。這些小白鼠肌肉裡的線粒體數量很少，因此，牠們的承受力降低，氧容量最大值比正常水準低百分之六十，處於精力衰竭狀態。

當湯瑪斯．柏瑞思教授把化合物注入體力不足小白鼠的肌細胞，奇蹟產生了——「不運動」組小白鼠們的細胞，開始產生更多的 REV-ERB、並促進形成大量的新線粒體。

這個過程就是常規有氧活動的過程，換句話說，這種化合物注入生物體後，模擬了運動的過程。

可以預見，未來這種化合物一旦上市，完全能夠幫助那些肥胖病患者、殘疾的或不能運動的人，享受到運動的快樂。

IN 視角

理想是美好的，現實卻是骨感的。湯瑪斯・柏瑞思教授在小白鼠身上的實驗，算是成功了，但是從其他生物到人類的實驗，結果出現不同的也有很多。究竟湯瑪斯・柏瑞思教授的研究，能不能幫到故事中類似雪麗的人，還需要時間的檢驗。

60

保存三年還能吃的披薩

◎快眼看實驗

地點：美國麻塞諸塞州，負責美軍設備研發和服裝的美國軍事實驗室。
時間：二〇一三年。
主持人：蜜雪兒・理查森。
目標：研發出能在戰場上長久保存的披薩。
特點：超越極限，讓麵糰在不腐的道路上長奔三年。
脫線指數：★★
可模仿指數：★（食物還是吃新鮮的好！）

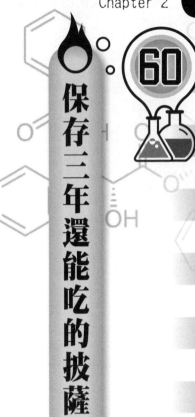

◎全實驗再現

自從壓縮餅乾在一百五十多年前，被發明出來之後，一直憑藉其質地香酥脆、不容易吸水變軟、適宜長期保管和運輸等特點，被軍方做為頭號儲藏食品。但再美味的食物也禁不起天長日久地食用，現代的美國大兵們，開始厭倦吃壓縮餅乾了。他們向軍需部反映，說他們想要在戰場上食用別的食物。而美國的軍需部也對大兵們的這一要求高度重視，對他們最想吃的食物做了民意調查，發現最受歡迎的食物是披薩。

位於美國麻塞諸塞州、負責美軍設備研發和服裝的美國軍事實驗室的負責人蜜雪兒·理查森教授，收到大兵們的調查表後卻開始發愁。披薩是美國人摯愛的食物之一，如果能提供給大兵們，必然會讓他們在飢寒交迫的時候增加士氣。但披薩不易保存，如何將它做成像壓縮餅乾那樣能長久保存的食物，就變成了亟待解決的難題。

披薩之所以會變成蜜雪兒·理查森教授的一大難題，是因為披薩放了一段時間後，上面的番茄醬，乳酪和其他的配料，就會和麵糰混在一起，只要一潮濕就會導致披薩發霉，滋生細菌。

經過不斷的研究後，蜜雪兒·理查森教授終於找到了防止水分轉移的方法，就是裡面加入了用糖、鹽和糖漿製作保濕劑，以此來防止水分流進麵糰裡。

但是，這樣僅僅能讓披薩的保存期加長，卻不能達到軍需部下達的「在三十度的溫度下保鮮三年」

的要求。調整醬汁、乳酪和麵糰的酸度，可以使細菌難以在空氣中生長。但包裝披薩的塑膠袋中會有空氣，只要接觸空氣，披薩還是會變質。

冥思苦想的蜜雪兒·理查森教授就連下班後都在想這件事。

終於，在一個漆黑的夜晚，和阿基米德當年想起浮力定律一樣，他泡在浴缸中，想到了解決塑膠袋中空氣的辦法。

第二天回到實驗室，蜜雪兒·理查森教授將一些鐵屑放入盛裝著披薩的包裝中，鐵屑果然和他設想的一樣，吸收了包裝裡存在的空氣。

經過實驗，這種新包裝的披薩，完全能做到在三十度的溫度下保鮮三年。

實驗室同樣邀請了很多家庭主婦來品嚐這種披薩，她們試吃後對這種披薩讚不絕口，其中一名叫做吉爾的家庭主婦說，她負責品嚐的辣味香腸口味披薩，和她在家做的味道一樣，唯一不同的是，家裡做的披薩是熱的，而實驗室出來的披薩是冷的。

IN視角

關於披薩的產生，還有一個有趣的小故事。

相傳在很久很久以前，義大利的一位母親為食物而發愁。她的家中只剩下了一些麵粉，但她想讓小兒子吃得更健康。好心的鄰居得知情況後，送來一些番茄與乳酪。這位母親用這些材料與麵粉烤製了一張餅給兒子吃，味道竟出乎意料地好，她的小兒子非常愛吃。這位母親將自己的烹飪方法推廣開來，就逐漸演變成了今天我們見到的披薩。

61

只要心在跳，手機就有電

◎快眼看實驗

地點：英國。

時間：二〇〇七年。

主持人：畢比。

目標：利用周圍震動產生電力的迷你發電機。

特點：用心跳來為手機充電。

脫線指數：★

可模仿指數：★★★★（人們再也不用為了回家充電，而放棄夜生活的樂趣了。）

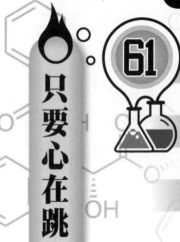

◎全實驗再現

在所有人排在蘋果店的門口，瘋狂購買 iPhone 的時候，常常在買回去使用一段時間後，發現自己挖了個坑，把自己放在了一個尷尬的境地——每天都必須按時回家，不能再隨心所欲地享受與朋友在一起的樂趣，因為，手機沒電了！

一個沒電的 iPhone 還能做什麼？除了耍帥，幾乎失去了一切意義。所以有人說，新一代智慧手機的較量，不再是軟體的更新和設置，而是誰能解決充電的尷尬問題，誰就能擁有最穩定的市場。

試想一下，當和朋友一起聚會時，所有人都在身旁放著一個行動電源和手機，還有人不停地問服務員哪裡可以插充電器的時候，你悠然自信地瘋狂玩著遊戲，一定非常暢快。別人跑來問你：「嗨！你的手機待機時間好像很長，一直玩遊戲不怕沒電嗎？」你抬起頭，微微一笑，淡淡地說：「我有隨身的充電器，只要心在跳，手機就可以隨心所欲地用下去。」

以上所述並不是廣告推銷，不用急著回家為了充電，也不再只是夢裡的情形。英國的科學家已經研發出了可以用心跳來充電的迷你發電機，可以將心臟、肺隔膜等器官的持續震動，做為能量來源充入與之相連接的電子設備中。這種迷你發電機是由鋯鈦酸鉛奈米帶構成，安裝在具有生物相容性的塑膠片裡，同時還有一個超小的蓄電池和能夠轉化電訊號的集成整流器，目前可以植入乳牛體內正常使用。

研究團隊將這個設備植入到乳牛的心臟上，搜尋到電訊號的手機，就可以在充電狀態下使用，而如果植入兩套設備，電機的輸出功率將會大幅增加。唯一複雜的在於，如果植入人體，會發生怎樣的現象？是完全自如地使用？還是有類似排斥反應的出現？科學家們希望在每一個器官上，都可以安裝幾個迷你發電機，這樣就能真正提供足夠的能量，來給一個人使用的電子設備進行充電。

最新的科技顯示，將迷你發電裝置植入人體內心臟位置，那麼手機就變成了永動機，可是不禁讓人有點膽寒，若是心臟上到處裝滿了連接電子設備的裝置，還是鮮活的心臟嗎？

科技的創新，永遠是在為人們生活帶來便利的同時，還帶來很多新的思考。

IN視角

其實心臟跳動進行充電的想法由來已久，迷你發電機實際並不是真的在使用心臟本身的能量，而是利用心跳的動能，因此並不會影響心臟對人體的功能。難點在於植入人體的風險，倘若能夠像OK蹦一樣黏在皮膚上，然後透過感應獲取能量充電，那將是更為偉大的突破。

62 自己吃自己的章魚

◎快眼看實驗

地點：耶路撒冷希伯來大學。

時間：二〇一四年。

主持人：Guy Levy。

目標：研究章魚的爪子為何不會打結。

特點：八隻爪子都有獨立的思維。

脫線指數：★★

可模仿指數：★★（話說找到章魚並不難，但在章魚活著時切斷牠的爪子，實在是良心難安啊！）

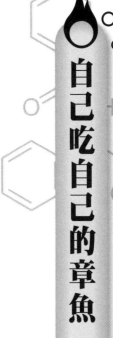

◎全實驗再現

Levy 放著輕快的音樂，哼著小曲，從玻璃櫃中取出麻醉劑，給水族箱裡隨著音樂愉快舞動的章魚注射了進去。三分鐘後，章魚的觸手動作慢慢遲緩，漂在了水面上。Levy 戴上白色手套，用剪刀輕輕剪掉章魚兩側的兩隻觸手，然後坐在一旁，伴隨著歡愉的旋律，靜靜等著章魚清醒。

半小時過去了，章魚完整的觸手開始慢慢恢復了舞動，六隻完整的觸手在水中上下翻飛，就像舞動綢緞似的。清醒的章魚似乎發現自己少了點什麼，那兩隻光禿禿的觸手也想舞動，卻顯得又滑稽又心酸。等待中，Levy 的眼睛亮了起來，章魚竟然把斷掉的觸手塞進了自己的嘴裡，並且吃得津津有味，吃完繼續滑稽心酸地配合著愉快的音樂舞動。

Levy 是希伯來大學的生物研究人員，他在研究章魚的時候，發現了非常有趣的現象。章魚的觸手是非常神奇的，八隻觸手似乎都有獨立的「思維」，隨意彎曲、拉伸和抓東西，卻從來不會因此打結而將自己束縛起來。牠的觸手就算被切斷了，也能以斷臂形態存活一個小時，觸手上全是吸盤，斷臂也會詭異地自由行動。這是由於章魚的皮膚會分泌一種物質，這種物質是可以被章魚觸手感應到然後避開來的。這是個很有價值的發現，也為科學家研發類生物機器人提供了新的思路。

Levy 和其他研究人員又做了後續針對斷臂的驗證實驗，將章魚的四隻觸手都切斷了，然後把切斷的觸手放在一起。根據觀察發現，被切斷的觸手並不會去吸住或抓握彼此，也會特意避開表面塗有章魚皮膚分泌物的塑膠器皿，但卻會去抓住另一隻特意被剝了皮的觸手，這充分驗證了章魚皮膚的某種物質使得自己的觸手可以避開自己其他觸手的理論。

更有趣的是，在多次的實驗當中，章魚表現出了另一個略顯詭異的特質，那就是相對於切斷的觸手來說，章魚更傾向於將其他小夥伴的觸手，當作食物迅速吃掉，而對於自己的觸手，則像是有感情似的，有時會快速地吃掉，有時會在附近遊蕩，不斷摩擦自己被切斷的觸手，卻並不吃掉，只有百分之二十八的章魚會吃掉自己的觸手，而百分之九十五的機率，會吃掉其他小夥伴的觸手。

這個結論，真不知是該說章魚太有人情味，還是太過冷酷。

IN視角

章魚的神奇觸手，目前已經被應用在醫學機械臂上，但究竟是什麼物質和作用機理，使得章魚的觸手不會打結？還需要進一步研究。

63

被控制的夢境

◎快眼看實驗

地點：德國睡眠實驗室。
時間：二〇一三年。
主持人：不詳。
目標：控制自己的夢境。
特點：似夢非夢，似醒非醒。
脫線指數：★
可模仿指數：★（若要嘗試，請在專業人員指導建議下執行，否則，電流過大造成癡呆，恕不負責。）

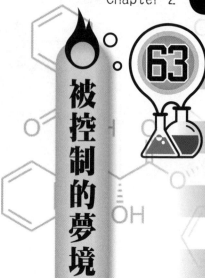

◎全實驗再現

科學研究證明，人的一生當中，至少三分之一的時間都處於睡眠狀態中。所以，如果你的壽命是九十歲的話，那麼恭喜你，有三十年都是睡過去的。每當算到這個數字的時候，都覺得各種焦慮情緒上身，本身就覺得時間不夠用，想吃的、想玩的、想看的、想感受的，都來不及完成，竟然都被睡過去了。碰上個嗜睡症的，大概一輩子有一半時間都與周公相會了。

如果人類可以控制自己的夢境，是否意味著，我們為自己努力增加了三分之一的人生呢？

二〇一〇年，有一部電影紅遍了全世界，一上映就創下了八・三億美元票房的紀錄，電影中李奧納多是一名造夢師，帶領著自己的團隊，遊走在夢境與現實之間，專門從他人的潛意識當中盜取機密，同時也為了完成夢境，而創造一層又一層更為深入的夢境。

如果這一切有可能成為現實呢？

德國睡眠實驗室的研究人員，找來了二十七名志願者，有男有女，讓他們在實驗室裡待了幾個晚上，每天睡覺時都用電線連接著頭皮。

當參與者進入到快速眼動睡眠的階段時，研究人員釋放了輕微的電流刺激其前額，這樣可以促進其額顳皮層的神經活躍度，而額顳皮層恰恰負責的就是人們在快速眼動睡眠階段的自我意識。當電擊後，研究人員會叫醒參與者，讓他們描述自己剛才做夢的細節，有百分之十七的參與者，都能描述清楚自己剛才所做夢的細節。

這只是個簡單的實驗，在這個領域的探索逐漸有了更深的發展，哈佛大學醫學院心理學教授巴雷特提出，每個人都有能力控制自己的夢，像《盜夢空間》裡的「夢境孵化」一般的技巧，是完全可以在現實中應用的。

首先要準備的是一個特定的，既不常見，也不會見不到的物品，比如一張照片，一個特定的場所等，任何時候，看到這個特定的物品，就問自己一個問題「我是不是在做夢？」這個物品最好不要是隨身攜帶。

人的潛意識就像一座海裡的冰山，海面下龐大的冰山，都被深深地藏在我們的意識底層。夢境就是通往那裡的一條道路，若是經由不斷地訓練，能夠讓自己清醒地做夢，那我們就會越接近自己內心深處，那些不為人知的部分，也會更加瞭解深層的自己。

IN視角

一個名為「螞蟻大神」的網友沉迷於夢境，並鑽研出一套控制夢境的系統理論，包括做夢的五個等級、進入夢境的七個方法、如何出體、如何控制夢境等詳細的敘述分析。其中提到「清明夢」，即在睡眠狀態中保持意識的清醒。清明夢應該是每個人都能體會到的感受，就像一個孩子出生時，意識和潛意識並沒有隔得很遠，隨著年齡的增長，社會化的過程，意識和潛意識的距離越來越遠，清明夢的機率也就變得微乎其微了。

64 鋼鐵人再現

◎快眼看實驗

地點：美國。

時間：二〇一四年六月。

主持人：美國陸軍專家。

目標：鋼鐵人套裝。

特點：向經典致敬。

脫線指數：★★

可模仿指數：★（如果你有鋼鐵人的財力，不妨一試。）

◎全實驗再現

軍事衛星所用的金鈦合金，響尾蛇飛彈、霰彈槍、散發式的小型導彈，方舟反應爐、紅外線發射，當然還有必不可少的飛行能力，穩定續航，保證可以飛出大氣層，如此酷炫的裝備，當然只有財力和科技實力兼備的「史塔克工業」的負責人東尼．史塔克才能製造出來。

這位富甲天下的人，可是有整整四十七套，這樣令人眼紅心跳的鋼鐵盔甲哦！

當然，你會說，這麼神奇的東西，只能出現在漫畫裡啦！不過，就像漫畫中鋼鐵人的其中一套盔甲被好友吉姆．羅德斯帶走，被美國軍方改裝成了新的裝甲「戰爭機器」的劇情一樣，現實生活中的美國軍方，也早已經把「鋼鐵人」式的戰鬥套裝列入了開發日程。只不過，他們依賴的並非鋼鐵人的超高能力，而是眾多科研機構的集體智慧。

這款叫做 TALOS（戰略突擊輕型戰鬥員套裝）的系統，二〇一二年才投入開發，除了美國軍方外，還有五十六家公司、十六家政府機構、十三所大學和十所國家實驗室參與合作。設計目標是電腦驅動，讓士兵能負擔重型裝備、增強防彈能力並檢測生命指標，包括高級護甲、戰場態勢感知、電腦指揮控制、能源管理系統和增強型機動外甲等部分。有如此規模強大的研發團隊，進展迅速。開發不到一年，TALOS 就在二〇一三年的六月份進行了前期測試，雖然只是測試了不接電的套裝，對耐久性和運動舒適度進行測試，但這樣的速度，讓我們對在不久的將來，就能見到鋼鐵人套裝的真實版，抱有極大的期望。

美國陸軍研發和工程司令部（RDECOM）發言人羅傑·蒂爾說，這種新式盔甲可能採用一種液態裝甲材料，在電流或磁場的作用下，可瞬間轉變為固態。它可以透過頭部的顯示幕，提供即時戰場資訊。同時，還能利用運動產生的能量為衣服供電。此外，這款戰鬥服將可以幫助士兵在戰地導航和互相跟蹤，並讓士兵監控自己的健康情況和與指揮部保持聯繫。這種新式盔甲的使用，將使單兵作戰能力得到進一步提高，最大限度減少軍隊的人員傷亡。

做為科技界的大熱門，可穿戴設備代表著前端高科技的發展方向，但與之共同存在的，則是它在實用性上的存在價值不大。解放雙手，使科技隱於無形的口號雖然吸引人，但對普通的消費者來說，一個可穿戴設備和一部智慧手機相比，並沒有太多的優勢。但是現在，戰鬥員套裝的研發，給可穿戴設備找到了最佳的應用場所，未來的戰爭，將因這種設備的大規模應用而徹底改變。

IN視角

當《鋼鐵人》電影上映時，那一身帥氣的戰甲就擄獲了無數人的心。男人們幻想著自己也有一天可以擁有一套絢麗的戰甲，女人們幻想著自己有一天能遇到一個穿著鋼鐵人戰甲來接她的男人。所以，從藝術層面，這套戰服已經獲得了空前的成功；從現實層面，有了如此有效地廣告宣傳，當這套可穿戴設備真正應用時，又將會掀起怎樣的風潮呢？

65

重見光明

◎快眼看實驗

地點：英國倫敦大學。
時間：二〇一三年。
主持人：Robin Ali。
目標：治療失明的新方法。
特點：由內而外的改變。
脫線指數：★
可模仿指數：★★（奮鬥吧！掌握高明的技術，希望你也能成為拯救黑暗世界的使者！）

◎全實驗再現

傑米已經不再年輕，隨著年齡的增長，越覺得不如從前，尤其是自己的視力，從最早開始覺得雙眼乾澀，到視力越來越差，再到後來只剩下光感，現在甚至連光感都已經越來越淡了。這種慢慢從光明走向黑暗的過程讓傑米非常恐慌和無助。

傑米曾經是個出色的建築設計師，他所設計的作品獲得過許多大獎。不知是不是年輕的時候太過拼命，用眼過度，導致老天用這樣殘忍的方式來懲罰自己。如今的傑米，早已離開了自己鍾愛的設計領域，只能每日賦閒在家，出門到那些新建成的建築附近走走，成了他每天必修課一般的愛好，似乎只有這樣，還能提醒傑米，他曾經的輝煌。

已經治療六年了，醫院始終沒有針對他，研究出一套適合的治療方案，只是將他歸為不可逆的眼底黃斑病變的案例，據說這是老年人失明的主要因素之一。但傑米今年才剛剛三十五歲，在事業上升的巔峰時期，不知道究竟是怎樣的變化，才讓他一下子從天堂墜入了地獄？

每週三是傑米照常去醫院進行檢查的時間，但隨著時間越長，他抱的希望越來越小，幾乎已經接受了自己不可能再恢復視力的這一事實。但這個週三，當傑米去檢查時，主治醫生卻告訴他一個特大的好消息，他有可能會恢復看到這個世界的光明！

英國倫敦大學的 Robin Ali 教授帶領自己的研究團隊，在實驗室培養出了與視覺密切相關的「感光細胞」，他們想要嘗試如果能夠將這些感光細胞，成功移植進人類的眼睛，是否就有機會可以讓患者恢復視力。

當然，他們沒有機會直接在人體上進行實驗，畢竟各方的風險都還沒有考慮那麼周全，於是小白鼠又一次成為「幸運」的「志願者」。Ali 教授從年輕小白鼠的眼睛中，提取了健康的感光細胞，並將這些感光細胞移植進了一隻失明的老年小白鼠的眼睛裡，用胚胎幹細胞方式和雞尾酒療法，讓細胞可以成功附著在老年小白鼠的視網膜上。

經過一段時間的治療和等待，那已經失明且行動遲緩的老年小白鼠，竟然在光線昏暗的游泳池裡，找到了逃生的路並成功逃出，而和牠同樣身處游泳池底的，沒有經過治療的小白鼠卻始終只是原地打轉，不知道該逃往哪個方向。

Ali 教授提出，「將感光細胞成功移植，在歷史上還是第一次，我們離成功越來越近！只要再經過一系列的實驗驗證，五年左右的時間，相信我們就會有可能，給全世界失明的患者帶來真正的光明！」

IN視角

感光細胞移植的治療方法，儘管目前仍是動物實驗的階段，但相信可以真正成熟並應用在人類身上，將會為非常多的家庭帶來光明和歡笑。

66 從此遠離毒物

◎快眼看實驗

地點：法國醫學研究結構 INSERM。
時間：二〇一三年。
主持人：Christian Lévêque。
目標：用快速方式檢測出低濃度的毒素。
特點： 科技改變生活。
脫線指數：★★
可模仿指數：★★（危急時刻絕對是防禦神器，但時效性目前還處於尷尬階段，怕檢測出結果已然掛了。）

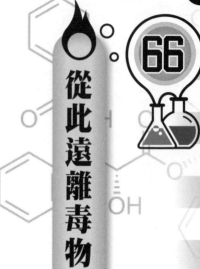

◎全實驗再現

沈華今年二十六歲，在演藝圈其實已經不算年輕了，尤其是至今為止，出道快十年了，卻還是半紅不紫的三流演員，只能運氣好時，在一部半死不活的戲裡當個第二女主角，從來也沒有機會當過第一女主角。

她自己也找了很多原因，最後歸結為：自己的太陽穴太扁了，有點凹陷，顴骨又有點高，眼角也比較窄，所以難成功。

糾結許久，在看到身邊一些三流演員，去一次韓國回來後明顯好運連連時，沈華下決心要去整容。

確定了目標的沈華，就像剛剛得知自己拿到了一部戲的第一女主角的角色一般興奮，可是興奮勁過去，冷靜下來才意識到要實現這個目標，對自己來說，似乎有點困難。原因在於，由於一直以來遊離在三線演員的邊緣，過著饑一頓飽一頓的日子，但又為了能吸引導演們的關注，而必須下足血本在衣著首飾上，更是讓原本不安定的生活，變得更加窘迫。

計算了去韓國整型的費用，連同往返的機票，加上治療費用，那個數字對沈華來說，簡直就是天文數字。沮喪之後，她只得退而求其次，開始關注國內的二流整型醫院，所需要的費用，她咬咬牙還是可以扛得住的，畢竟，這對自己來說，有可能是一個飛黃騰達的機會。

順利完成了手術，想到那個看起來有點昏暗，拐了九曲十八彎才走到的整型醫院，還是有點膽怯。

雖然那個看起來有點猥瑣的醫生，再三保證不會有問題，可是當第三天發現自己腫起的眼睛，似乎沒有消腫的跡象，反而顏色變得越來越深時，沈華還是產生了恐慌。

這次，沈華去了正規的醫院，戴著大口罩、大墨鏡偷偷摸摸地做檢查，當拿到檢查報告說是肉毒桿菌中毒，可能難以恢復時，她的心瞬間就碎了，自己夢寐以求的飛黃騰達就此煙消雲散。

世界上，很多人都會在整型過程中，產生各種不同的後續反應，有的可能表面看起來風光無限，但實際上，臉部的肌肉已經僵硬到無法展示正常的喜怒哀樂了。因為肉毒桿菌會產生一種毒素，這是人類已知的最致命的毒素之一，一旦感染，若是治療不及時，百分之六十患者最終會癱瘓，甚至有可能致死。

法國醫學研究機構 INSERM，一直致力於研究如何能夠快速地檢測出肉毒桿菌神經毒素，通常檢測過程是將患者的血液注入小白鼠體內，如果小白鼠中毒甚至死亡，會確認為毒素過量。但問題在於，通常要四天才能得出測試結果，而這個時段，對患者來說，風險極大。Christian Lévêque 帶著自己的研究團隊進行了新的測試，用一種微型晶片放入含有毒素的血清中，發現幾小時內就可以顯現出檢測結果，且可以檢測出更低的濃度，對患者來說，快速檢測毒素，將是真正救命的利器。

IN視角

看來這項實驗最為獲利的一方，是整型行業的從業者和患者們。整型總算有了可以極大緩解術後風險的方法。可是問題在於，貌似目前只能從已經使用的肉毒桿菌中，檢測出毒素的濃度和容量，而整型者們都得注射之後，才能得知自己是否會毒素過量。倘若是毒素過量，後續的挽救措施就顯得尤為重要。

第三章

生活裡的無厘頭

何處不佛陀——experimenting in life

從生活角度看，所有可以吃的、可以玩的、可以用的，都可以成為科學家們好奇研究的對象。

排泄物和食物的奇葩組合（故事68大便漢堡）；對於身體無窮好奇的探索（故事98闖耳屎也是一門學問）；痛苦的失眠，也可以帶來科學研究的價值（故事77長夜漫漫，無需睡眠）。

從倫理角度看，人性的探尋，可以解開許多行為和思維的困惑，例如對於人性本善的思考（故事71善良的撒瑪利亞人）；對於情感的探索（故事100羞恥的力量）；以及對於思維抉擇的追尋（故事83大腦在災難面前的抉擇）。

從無厘頭的方面來看，科學家們總有無聊的時候，許多創新的產生，也都有可能是突如其來的變故帶來的靈感。例如執著追求生活「品質」的人（故事76生活在秤盤上的人）；對於自己小祕密不斷探索的人（故事82精子居然都是定時炸彈）；對於無聊生活挑戰的人（故事91麥當勞成為最減肥食品）；以及貢獻自我為科學奉獻的人（故事97關於最痛的實驗）。

生活中處處都有驚喜，處處都有收穫，如同佛祖所云「何處不佛陀」的慧語，只要我們擁有善於發現的眼睛，擁有一顆永遠好奇的心，擁有堅持探索的態度，就有可能創造出驚喜！

67

動心的理由

◎快眼看實驗

地點：加拿大溫哥華附近的卡皮蘭諾吊橋。
時間：一九七三年夏天。
主持人：唐納德·G·達頓。
目標：人與人之間為什麼會動心。
特點：實驗也可以很浪漫溫情。
脫線指數：★★★
可模仿指數：★★★★★（對年紀大的「剩門士」們來說是絕佳的策略。）

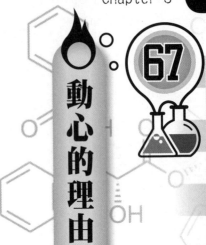

◎全實驗再現

傑克最近的心情不怎麼好，大學好不容易畢業了，找工作一直不順，恰逢此時，相戀兩年的女友突然提出分手，轉身投入別人懷中。

傷心的傑克，決定來一場說走就走的旅行，背著背包來到了加拿大。他早聽聞溫哥華附近有一座著名的卡皮蘭諾吊橋，當初剛和女友相戀時，還打算一起在全世界最長，也最高的人行吊橋上漫步。

來到了目的地，傑克搖搖頭自嘲地笑笑，拿起背包從巴士走了下來，剛抬頭就被眼前的景象驚住了：鬱鬱蔥蔥的樹林中，隱約可見一條似線般，長長的還在搖搖晃晃的吊橋。傑克頓時有了拔腿逃走的念頭，但好不容易來了，還是上去看看吧！於是硬著頭皮跟著導遊前進。

導遊誇張地說：「這可是真正的空中漫步！下面的峽谷有七十多米深，吊橋長一百五十米，可是寬度只有一．五米，所以大家一定要小心，不要走得太快！」

吊橋一直在風中搖曳，可憐的傑克好不容易走過吊橋，臉色已經有些發白，膝蓋止不住的顫抖，他只得停下腳步，靠在樹上休息。剛喘了兩口氣，一個美妙的聲音響起在耳邊「嗨，你好！打擾一下！我是卡皮蘭諾學院心理學系的學生，最近正在寫一篇關於旅遊景點如何抓住遊客心理的論文，有幾個簡單的問題，不知道你能不能幫我回答一下？」抬頭迎上的是一雙水汪汪的眼睛，姣好的面容，金色的捲髮隨意地紮在腦後，青春四溢的氣息撲面而來。傑克頓時覺得心跳少了一拍，他很配合地填寫了問卷，女孩笑笑地撕下問卷的一角，寫下了「格洛麗亞」的名字和一串電話號碼遞給他，「感謝你的配合，如果你還想進一步瞭解問卷的內容，可以打電話給我哦！」

直到女孩轉身離去，傑克仍是一頭霧水，一縷春風在心中拂過，女友與剛才的女孩相比，瞬間就消失了影蹤。傑克覺得上天給了他最好的機會，這就是他夢想的女孩，天哪！還主動留了電話號碼，好運回來了！傑克興奮地快步前行，都差點忘記了前一刻還抖得都挪不開步子。

第二天，傑克摸出紙條，打電話給格洛麗亞，想約個浪漫的晚餐，對方禮貌地說：「真是不好意思，其實這是我們設計的一個心理學實驗，我是受雇參加實驗的。」

同時，達頓和他的同事阿倫，正在分析討論拿到的資料，在吊橋上參與調查問卷的二十五個男遊客有十三人打電話給格洛麗亞。另一組資料是在吊橋附近的小公園收集的，同樣的漂亮女孩，同樣的理由，只是填寫問卷的，都是已經從吊橋上下來，已歇息一段時間的男遊客們，只是換了個「多娜」的名字而已，可是公園內參與的二十三個男遊客，竟然只有七人給「多娜」打了電話。

達頓和阿倫得出結論：當人的身體受到特定刺激時，身體的感覺會錯誤地當成另一種刺激，被稱之為「歸因錯覺」。傑克錯誤地把膝蓋顫抖，歸因是看到了格洛麗亞，產生了想要進一步接觸的想法；而公園內已經恢復平靜的遊客們，則沒有這樣的信號來連接，所以對多娜的想法也就沒有那麼強烈。

IN視角

實驗過程並不複雜，參與實驗的人選其實也很幸運。能藉機與美女交流溝通，還能得到主動給的電話號碼，不知會有多少不明真相的男生們會大呼：「為什麼不是我！」只是當隨機的實驗人選得知，美女搭訕不過是美夢一場時，也未免有些太傷害脆弱的心靈。

實驗自然在倫理上不存在問題，但是實際操作過程中，女孩的相貌是否會影響最終的結果，達頓並沒有考證。他選用的實驗者，自然都是貌美的年輕女性，可是不禁讓人揣測，若是換成醜女上前搭訕，是否還會得出如此樂觀的資料呢？

68 大便漢堡

◎快眼看實驗

地點：日本東京污水處理公司。

時間：二〇一一年春夏之交。

主持人：Mitsuyuki Ikeda。

目標：人體糞便提純製作素肉漢堡。

特點：環保理念創造人工糞便漢堡，價格卻是牛排的十～二十倍。

脫線指數：★★★★★（究竟是得多麼具有想像力和腹黑能力，才能想到研究這個呢？簡直逆天了！）

可模仿指數：★（絕對是飲食界顛覆性的噩夢！真的會有人嘗試嗎？）

◎全實驗再現

幾年前，新聞中曾有名在校女大學生，課後收到一份包裝精美的禮物，打開一看是漢堡，準備食用時發覺有異樣，這個漢堡沒有應有的味道，外表也呈現糊狀。她疑惑地讓室友一同辨別，發現居然是人的糞便！

女大學生惱羞成怒，告知了家長並當即選擇報警，警方很快在校園附近的咖啡廳，逮捕了送禮物的犯罪嫌疑人，是受害人同系的一名男生。由於並沒有對受害人造成精神以外的任何傷害，故最終只是賠償了精神損失費，並接受道德教育就將其放了。

在警方對作案男生進行教育時，該男生誠懇地表示，只是因為「愛得太深」，找不到一個可以宣洩自己情感的方式，於是採用了這樣的表達方式，希望女生可以印象深刻，瞭解他骨子裡深深的愛。

且不說作案男生深沉的情感，光看這獨特的情感表達方式，除了噁心之外，還真的很有創意。當然，他的做法顯然過於幼稚，以致於一下子就被看穿了。

要說這個創意，其實他也並不是首創，曾經就有人經過實驗，成功研製出了真正可以食用的大便漢堡。

日本的 Ikeda 教授和研究小組，受邀在東京污水處理公司為其解決「如何充分利用城市廢物垃圾」時，決定將廢物變成人類可以食用的環保食品。

Ikeda 教授發現，在城市的廢物垃圾系統中，有非常多的人類糞便，每年要耗費大量的人力、物力、財力去處理這部分令人難堪的廢物。

人類的糞便當中有很多種細菌，也富含蛋白質，這個發現給了教授一個靈感。他帶領其研究小組進行了大量的實驗，從糞便中提取蛋白質，將其製作成人工肉類，再加上食物色素和醬油來改變色澤，成為和真正肉類差不多的紅色，最終形成的肉排，被他們稱為「素肉漢堡」。這種漢堡包含百分之六十三的蛋白質、百分之二十五的碳水化合物、百分之三的脂肪以及百分之九的礦物質，看起來非常營養健康。

在未揭露原料的情況下，Ikeda 教授和研究小組組織了一批志願者，試吃「素肉漢堡」並記錄人們的評價，大部分人在食用之後，認為是非常美味的食品，口感和牛肉非常接近。

得知這種環保食品的成本，是日常食用牛排價格的十~二十倍時，試吃者表示會酌情考慮，若真的是環保綠色的食品，還是會購買食用的。但最終得知美味漢堡的製作來源時，試吃者們震驚萬分，並無一例外地回家吐了兩天，當然我們也就無從得知，是否還會有試吃者願意繼續購買此種特別的食品了。

Ikeda 教授認為，雖然首次試吃最終達到預想的效果，但是「素肉漢堡」的綠色食品宣傳，將會幫助消費者克服心理障礙，所以他繼續從事著實驗研究，試圖將研究成本進一步降低，以達到大量進入市場的目的。

IN視角

島國人民的想像力和創造力絕對是一流的，Mitsuyuki Ikeda 教授和研究小組究竟受了怎樣的刺激，才會堅持進行這樣的實驗研究。為了將來能讓全人類，無論處於何種境地都可以吃飽肚子，教授們窮畢生所學，進行了這樣的實驗並獲得了成功，我們應該為他們鼓掌。但是實驗成功了，如何打入市場將是最為艱鉅的任務。高額的成本，嚇人的原料，在得知實情的情況下，不知道地球上有多少人願意勇敢嘗試呢？

69 再來一瓶伏特加

◎快眼看實驗

地點：俄羅斯。

時間：一九九九年～二〇一〇年。

主持人：Richard Peto（英國 Oxford 大學的研究人員）。

目標：研究酒精與壽命的關係。

特點：無酒不歡，哪怕死得快。

脫線指數：★

可模仿指數：★★★（儘管實驗結果並不樂觀，但人們又如何能阻擋美味的伏特加呢？）

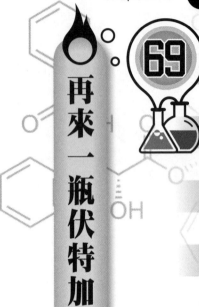

◎全實驗再現

俄羅斯在世界上最有名的，除了金髮碧眼、身材妖嬈的美女之外，就是舉世聞名的伏特加了。酒吧雞尾酒榜上有名的血腥瑪麗，就是以伏特加為基酒調製的。

俄羅斯的伏特加，源自於十四世紀，最早是義大利的熱那亞人傳入的。當時伏特加還只是上流社會的飲品，曾有皇帝專門開設了皇家酒苑來生產伏特加自用。直到烏克蘭併入了俄羅斯，伏特加才在民間廣泛流傳，這種清冽醇香的烈性酒，像火焰般點燃了整個俄羅斯，已經融進了整個俄羅斯民族的血液，滿街的俄式餐廳以及夜店酒吧中，都有它的身影。

從飲酒的習慣，可以看出一個民族的性格和情懷。「伏特」在俄語中是「水」的意思，「伏特加」就是俄羅斯人對水的暱稱。在俄羅斯，伏特加酒被看作是「上帝」，相傳在俄法大戰中，正是由於俄羅斯士兵飲用的是烈性奔放的伏特加，而法國士兵飲用的是柔和優雅的白蘭地，最終造成了法國的戰敗。

俄羅斯人驍勇善戰，平均壽命卻並不高。在二〇一二年世界人均壽命的排行榜中，俄羅斯人的人均壽命只有六十六．四六歲。在世界排名一百六十三位。世界排名第一的是南歐的袖珍小國摩納哥，人均壽命為八十九．六八歲。

基於這樣的巨大差異，來自英國 Oxford 大學的研究人員 Richard Peto，在俄羅斯、美國、英國做了長達十一年的實驗研究，自一九九九年到二〇一〇年，俄羅斯的三個城市 Barnaul、Byisk 和 Tomsk 的總計十五．一萬人參與了調查。根據他們的飲酒情況以及飲酒習慣分析得出，八千人死於酒精相關的事故，如果一週喝三瓶以上的伏特加，更是會有百分之三十五的俄羅斯人，在五十五歲前死亡。同類研究在美國只有百分之十，而英國僅有百分之七。

俄羅斯人對於伏特加的熱愛生來就有，有人說若是不喝伏特加，那就不是俄羅斯人。調查顯示，俄羅斯年輕人的死亡率，遠遠超過世界其他國家，哪怕同樣瘋狂喝酒的芬蘭和波蘭，都沒有俄羅斯如此高的酒精致死率，可見伏特加的兇猛。

實驗研究的對象多為俄羅斯成年男性，儘管我們都知道俄羅斯女人同樣是喝酒的高手，但並沒有相關可證實的研究資料。而 Peto 研究發現，歷史上的六次對伏特加酒的限制，都沒有讓伏特加酒消失，人們也並沒有改掉酗酒的習慣，反而躲在家裡釀造伏特加酒。民眾所喝的伏特加，多來自於民間廉價的小作坊，為了製出濃烈的伏特加，這些廉價酒的度數高得嚇人，通常大多是用於製作香水和防腐使用。

一項調查顯示，百分之四十因酒精死亡的俄羅斯青壯年，多數原因都是來自如此高濃度數的酒。

IN視角

俄羅斯人每人每年平均要喝掉六十七瓶伏特加，俄羅斯男人更是把伏特加酒看成是自己的「第一妻子」。無論是白天還是黑夜，都能看到一群群俄羅斯人，手中握著伏特加酒瓶在公路上、公園裡搖搖晃晃地喝酒。

就算人人都知道這樣飲酒的危害，恐怕也難以讓俄羅斯人捨棄他們手裡的酒瓶，若是上街採訪，人們一定會搖搖晃晃地告訴你：「沒有伏特加，要活那麼久幹什麼！」

70

性感的漂流

◎快眼看實驗

地點：阿卡里號漂流筏。

時間：一九七三年五月十三日～一九七三年八月二十日。

主持人：聖地牙哥·赫諾維斯。

目標：不同民族早期海上航行的人類行為。

特點：一百零一天，簡陋無遮蔽的漂流筏，異性如何相處。

脫線指數：★★★★（完全背離了研究者的實驗目標，但卻引發更多目光和關注。）

可模仿指數：★★★★（如果漂流筏的設置再好一些，脫離原本的主題，將是美妙的旅程。）

◎全實驗再現

「一九七三年六月二十一日，今天的天氣很好，大西洋還算平靜，儘管漂流筏周圍依然有鯊魚不時露出脊背，但比起前幾日那次大浪要好了很多。船員們已經完全熟悉了彼此，同時也更真實地暴露了自己。阿爾及利亞的愛莎，被其他人稱為『遊客小姐』，不過我也看不下去了，給她分配任何工作都要再三推諉。法國姑娘索菲亞也讓人傷腦筋，每天早上花一個小時化妝，大家都有怨言。最讓人頭痛的是安哥拉神父，每個離他近的人都向我反映他令人崩潰的汗臭味，我已經提醒他每天從頭到腳洗三遍澡了，但依然讓人無法近身。」

赫諾維斯合上日記本，想起最後寫下的問題，不禁又頭痛地揉了揉眉頭。

這是漂流在大西洋上的一艘簡陋的漂流筏，十二米長、七米寬，共有來自不同國家民族的六女五男，在漂流筏上，將會度過一百零一天的海上旅行，而他們所居住的場所僅是一個四米長、四米寬，而高度只到人胸口位置的小木屋。木屋頂上是個凹陷的小平臺，供船員們平時討論和溝通使用。

十一名船員的組成是：

金髮碧眼，身材超好的瑞典女船長，

略顯沉默，反應靈敏的猶太女醫生，

有點神經質的日本男攝影師，

不怎麼參與活動的希臘飯店老闆，

汗臭味薰天的安哥拉神父，

總是湊在一起，最多事的美國白人女子和黑人女子各一人，

總是不願意幹活的阿爾及利亞籍阿拉伯女子，

從上船就一直不停暈船、嘔吐的烏拉圭男子，

風情萬種卻有些矯情偽裝的法國女子，

赫諾維斯自己。

做為墨西哥有名的人類行為學家，赫諾維斯此次組織一百零一天漂流活動的目的，是希望可以研究到在人類早期航行的過程中，拋開現今的受教育程度以及精神因素，不同國家民族間的人，相處是否會產生衝突？而他們又會有怎樣的行為產生？

赫諾維斯設置了他認為理想完美的一切準備，可是沒想到剛開始航行時，這群人就展現出了完全與他設想不同的方式。

在那個矮小的居住屋中，赫諾維斯要求男女交替睡成兩行，立刻就遭到了男士們一致的責罵，認為他一定會把自己安排睡到兩位最漂亮的女性中間。儘管赫諾維斯做了很久的解釋，也無可避免地受到了男士們的鄙視，直到後來把規矩改為每七天可以更換一次睡覺時的左右鄰居，才平息了他和男士們的矛

盾。

在航行過程中，赫諾維斯已經快抓狂了，他所設想的關於民族間衝突的所有行為都沒有出現，倒是大家都特別關注彼此間親密關係的情況，儘管他自己也沒忍住和性感的法國姑娘共度了春宵，但他依然還是鬱悶自己究竟哪裡錯了。後來索性就完全變成沒有精神文明調控的情形下，性行為和性傾向的實驗研究。

一百零一天的航行中，人們從最初都穿著衣服的不好意思，到後來幾乎都穿得很少，一邊上露天廁所，一邊還能跟別人聊著天的渡過。船員們共完成了四十六份問卷，八千零七十九個涉及與其他船員、性行為、宗教、道德等方面的問題。

當航行結束新聞採訪時，赫諾維斯滿心歡喜地闡述了半天自己整個實驗的始末，人們卻只記住了一份小報的總結標題——「性之漂流筏」。

IN視角

非常具有想像力，而且大膽的人類行為學家，普通民眾記住了漂流筏和性的牽連，同行嚴厲批判他不顧倫理道德的實驗方式，參與實驗的船員們對他獨斷專行的譴責，以致於新聞媒體很輕易地獲取了參與實驗者的照片和真實姓名。儘管航行結束，所有船員都接受了心理諮詢師的諮詢和輔導，但在一百零一天的時間裡，如此單一的生活環境，侷限的討論思考話題，很難再保持與現實一致的精神文明水準。由此看來，這是一次殘酷的實驗，但那些大量的筆記和感受，必然也會給人類的探索帶來新的思路。

71

善良的撒瑪利亞人

◎快眼看實驗

地點：普林斯頓大學心理學系，通往社會學系大樓的瀝青小路。

時間：一九七〇年十二月十四日上午十點。

主持人：C・丹尼爾・巴特森。

目標：研究宗教前提下，人們的助人精神。

特點：來自聖經的探索。

脫線指數：★★

可模仿指數：★★★（日益浮躁的社會，對於人心善惡的宣揚，應該更真實廣泛。）

◎全實驗再現

「有一個人從耶路撒冷到耶利哥去，落在強盜手中，強盜剝去他的衣裳，把他打個半死，就丟下他走了。有個祭司偶然從路上經過，可是看見他並沒有理會。一個利未人經過看見他，也從身邊經過了。唯有一個撒瑪利亞人經過動了善心，用酒和油倒在他的傷處，包紮好並帶到店裡照顧。」

合上《聖經》，巴特森不禁陷入了沉思，這個撒瑪利亞人的故事深深打動了他。做為研究人類心理行為的教授，他與同領域的約翰·M·達利，一直都致力於研究人們究竟會在何種境況下產生助人的想法？

一九七〇年十二月中旬，普林斯頓大學校園空氣清冷，學生們一個個縮著脖子，快步走向自己要去的目的地。

做為神學院中最優秀的學生之一，傑姆森每天都虔誠地向上帝禱告，《聖經》是無論何時何地都不會離身的。今天，他上完宗教心理學的課程後得到一個任務，要趕往社會學系大樓，去找一個工作人員，錄製一段三～五分鐘的報告，題目是「善良的撒瑪利亞人的故事」。

普林斯頓大學心理學系通往社會學系大樓，有條必經的瀝青小路，顯得有些偏僻、幽靜而且有些昏暗。傑姆森一路上重新在腦中溫習了一遍《聖經》中關於撒瑪利亞人的故事，「這是關於助人的一個小故事，三～五分鐘應該講哪些重點呢？」

正在思索中，突然被一陣咳嗽聲打斷了思緒，一個流浪漢頭髮凌亂，雙眼迷離，雙手緊緊插在口袋中，縮成一團。傑姆森趕緊上前詢問，流浪漢咳著說：「咳咳……我沒事，撐得住……呼吸道不太好，剛吃了顆藥……咳咳……休息一會兒就好了……咳咳……」

傑姆森正想帶他去咖啡廳休息一下，前面的同學回頭喊道：「嗨！傑姆森！快點！老師已經等你半天了！」猶豫了兩秒，傑姆森還是選擇先去做完報告，再回來幫助流浪漢。

到了報告廳，傑姆森做完了報告，出來後發現流浪漢已經沒有了蹤影……

在巴特森的三天實驗當中，把神學院的四十七名學生分為了兩組，派往社會學系大樓參與報告錄製，一組就是像傑姆森一樣，被告知時間非常緊迫，另一組告知有充足的時間可以趕往報告廳，而報告的題目都是與撒瑪利亞人相關的論題。

在整個實驗過程結束之後，經過分析發現：決定參與者是否提供幫助的唯一的取決因素就是時間，被告知有充足時間的那組被試者，向路邊流浪漢提供幫助的機率是時間緊迫的人的六倍，而其中更是有一位超級熱心的被試者，把流浪漢帶到咖啡廳喝咖啡，高談闊論了三個小時。

有意思的是，儘管巴特森特意把報告題目設定為撒瑪利亞人的故事，就是想要提示所有被試者，給其宗教性的指引，但在所有做報告的學生中，竟沒有一個人提及在路上看到流浪漢的這件事，似乎完全沒有人發覺，那條幽暗的小路，就是巴特森特意設置的「耶路撒冷下耶利哥」的道路。

IN視角

從宗教的角度來看，無論事件多麼緊急，都抵不過救人為大。所以在巴特森實驗中，沒有救人的被試者得知真相後，都羞愧得面紅耳赤，轉身祈禱上帝。不知道耶穌看到這樣的場景，是否會為他們的迂腐而嘆息？

但從實驗的角度來看，這樣的樣本不僅過於特殊，設置也不夠具有衝突性。巴特森的實驗，僅僅是在一個小的範圍觀察人們的表現，並不能成為宗教背景下，人們選擇助人行為的比例論證。

但是那位超級熱心的救人者，也讓巴特森焦頭爛額了半天，畢竟，每隔半小時設置好的被試者，經過的路線上應該出現的流浪漢，竟然大搖大擺坐在咖啡廳裡愜意地喝咖啡，而實驗發起人則在遠處的屋子裡急得團團轉，也實在是有趣的場景。

72 誰是真正的基督

◎快眼看實驗

地點：底特律伊普希蘭蒂國立精神病院D-23部。

時間：一九五九年七月一日～一九六一年八月十五日。

主持人：密爾頓．洛基奇。

目標：人類自我認同身分的改變。

特點：精神病的奮鬥史。

脫線指數：★★★★

可模仿指數：★（珍愛生命，遠離精神病。）

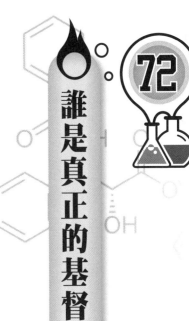

◎全實驗再現

密爾頓・洛基奇是專門研究人自我認同，以及內在信仰體系間聯繫的心理學家，他有兩個女兒，一個六歲，一個四歲，都如瓷娃娃般漂亮可愛。

一天，洛基奇和兩個女兒開玩笑，特意把她們的名字調換過來喊，小女兒有點委屈地問：「爸爸，這只是個遊戲對不對？」

洛基奇笑笑並予以否認，小女兒水汪汪的大眼睛立刻就紅了，大女兒也癟著嘴跟爸爸說：「爸爸，請你不要再這樣叫我們了！」

洛基奇得到了靈感，原來哪怕孩子再小，內心深處都會有自我信念認知，就是她們完全知道自己是誰。這一靈感讓洛基奇非常興奮，想嘗試如果堅持混淆她們的姓名，一週將會出現什麼樣的情況？但受到妻子和兩個女兒的堅決反對，只得作罷。

不死心的洛基奇，不會就此放棄這樣一個好的研究方向，思前想後，他想到了一個特殊的群體——精神病患者。

那些原本就一直認為自己是別人的人群，究竟是怎麼想的呢？如果能把具有相同的身分認同的人聚在一起，將會對他們內心的認知準則，產生怎樣的衝突碰撞呢？是否可以藉機改變他們的自我認知，回到正常人群認知呢？

一系列的問題，促使洛基奇堅定了自己實驗的想法，他跑遍了密西根州的五所精神病院，尋找符合實驗要求的精神病患者，但兩萬五千名病人中，卻只有極少數符合要求。

最終，洛基奇找到了底特律附近的伊普希蘭蒂精神病院，在這家精神病院裡，找到了三個符合要求的實驗人選。

「我叫約瑟夫．卡塞爾，我是上帝！」一個禿頭豁牙的五十八歲的男子說道。

「我叫克萊德．本森，我已經成為上帝了。」七十歲的男子低聲喃喃自語。

「我的出生證上寫著我是重生的基督！」最後的男子三十八歲，身材瘦小，表情嚴肅，並不願說出自己的真名（萊昂．加博爾）。

這個怪異的開場白，讓洛基奇很滿意，他手邊有這三人詳細的病歷介紹：

約瑟夫．卡塞爾，生於加拿大魁北克，從小喜歡看書，長大成婚後，要求妻子去工作賺錢來供他讀書、寫書。後來，要求和妻子一同搬到岳父母家居住，理由是怕自己被人毒死。一九三九年，三十八歲的卡塞爾，因妄想症被家人送到精神病院，十年後開始跟別人說自己是上帝。

克萊德．本森，在密西根的農村長大，四十二歲那年他的妻子、岳父以及自己的父母相繼過世，而女兒又嫁到很遠的地方，一系列的打擊讓本森沉迷於酗酒，並很快再婚，因暴力傷人被送入監獄。在監獄中，他四處聲稱自己是基督，並在他五十三歲時，被從監獄轉至精神病院。

萊昂．加博爾，底特律本地人，從小父親離家出走，母親寄情於宗教，整天都在教堂祈禱，加博爾只能獨自在家。他青年時讀了一年神學院，就選擇了參軍，復員後與母親一同生活。加博爾三十二歲時，開始聽到有別的聲音跟他說他是基督，一年後，被人舉報送往了精神病院。

洛基奇規定他們只能討論基督的事情，自己在旁觀察記錄，但他發現三個人討論的話題，很快就變得五花八門什麼都有，但卻沒有人再談論各自的身分，就算有人提到自己是上帝，其他兩個人也會很快改變話題。

最終，洛基奇放棄了透過實驗治療把他們帶回現實世界的想法，他意識到這三個人更希望和平共處，而不是澄清自己的身分。

IN視角

想要改變人類自我身分認知的實驗，本來就是很大的挑戰，倫理是最重要的阻礙。洛基奇選擇精神病患者進行實驗，的確是躲開了倫理的討伐，但是也決定了實驗人選在樣本效度上的缺陷，何況精神病患者並不僅僅存在身分認知的問題。這也難怪最後洛基奇美好的願望還是泡湯了，畢竟，你又能如何控制精神病患者，乖乖聊你想讓他們聊的話題呢？

73 飛越瘋人院

◎快眼看實驗

地點：精神病院。
時間：一九六八年～一九七二年。
主持人：大衛·羅森翰。
目標：「正常人」和「精神病人」的區別。
特點：以自己做實驗，深入「虎穴」。
脫線指數：★★★★
可模仿指數：★（一個不小心，有去無回。）

◎全實驗再現

一間普通的會客室中，坐著八個人，他們正在討論即將要進行的神祕實驗的細節。

實驗的發起人叫大衛．羅森翰，是斯坦福大學的心理學教授，多年來一直致力於研究如何精確地區分正常人和精神病人的論據。曾發表過一篇震驚世界的文章，並在其中寫道：「即便我們自己可能堅信，我們可以區分正常和病態，但我們的證據卻不具有絕對說服力。」

現場參與實驗的八個人，一名心理系學生、三名心理學家、一名兒童醫生、一名精神病院醫生、一名畫家和一名家庭主婦，以及羅森翰自己。他們的共同實驗任務是：用假名字和同一個編造出的症狀，前往十二家不同的精神病院入診，然後透過自己的努力，讓精神病院的醫務人員相信他們是心理健康的人，並同意他們離開精神病院。

羅森翰弄亂了頭髮，穿了一件故意弄得皺巴巴髒兮兮的衣服，好多天不刷牙、不洗澡、不刮鬍子以給人一種頹廢的感覺，還有難聞的氣味。

他跟醫生抱怨說，自己最近總是聽見莫名其妙的聲音，腦海裡總是些亂七八糟沒有關聯的詞，弄得他頭都痛了，希望醫生能給他提供治療。醫生沉思半晌，雖然這個病人所描述的症狀，他還從來沒在哪本醫學文獻中見過，但應該可以確診是精神病無疑了。

醫生給羅森翰開好了確診書，卻發現羅森翰跟個正常人一樣與其他醫務人員聊天，只能搖搖頭嘆息。因為大部分的精神病人都間歇性地發作，真是麻煩，不知道這種正常持續多久，又會變成奇怪聲音的干擾了。

在住院期間，每天都會有規定的服藥時間，每個病人需要服下醫院為他們所開出的，一把花花綠綠的藥，當然，羅森翰和其他七人提前做過準備，知道如何做可以把藥藏在舌頭下，而不被醫務人員發現。實驗結束，八個人共收集了兩千一百顆不同種類的藥。

當然，實驗也並不是一帆風順的，當真正進入精神病院，與那些精神病患者吃住在一起的時候，才會感到壓抑和恐慌。八名實驗人員中，有人擔心自己會遭到強姦或者毆打，但所幸沒有發生，僅是被惡意呵斥過。

羅森翰意識到自己的力量難以保護所有人，而這個實驗由於倫理問題又不被人所知，他只能留下遺囑，安排了一名律師隨時待命。

參與實驗的八人中，有三人在進入精神病院時，其他病人中，有百分之三十都在懷疑他們的真實身分，認為他們並不是真正的精神病人，但諷刺的是，所有的醫務人員都把那些話語當成是發病的依據，把他們都送回病房吃藥了。

這樣，所有人得以有驚無險地完成了實驗。

所幸這些假病人裡竟沒有一個人穿幫，憑藉一個編造出的症狀，都成功地在三週以後，最長五十二天被放出了醫院。

醫院給出的診斷結果，清一色是「輕度精神分裂症」，並告知這樣的情況可以在家吃藥治療，不需要待在醫院裡。

值得注意的是，在整個實驗過程中，一旦入院時，被醫生認為是精神病範疇留在醫院觀察治療，那麼整個過程中，無論你表現的多麼正常，醫務人員都會本能地把那些正常行為，放在精神病患者的前提下審查和判斷，當成是精神病發作間隙的短暫正常行為。

實驗一經發表，引起軒然大波，整個心理學界陷入究竟應該如何界定「精神病人」和「正常人」的探索和思考當中。

IN視角

哪怕你不是標準的影迷，你也一定聽說過《飛越杜鵑窩》這部電影，一舉將一九七六年第四十八屆奧斯卡中最佳影片、最佳男、女主角、最佳導演和最佳改編劇本五項獎項收入囊中的經典影片，被稱為「影視表演的必修課」。

麥克墨菲因逃脫牢獄之災，進了精神病院，受不了裡面的制度，帶領病人數次挑戰醫生的權威，一度消失了。

病人們都以為他逃出去了，把他當作傳說，真相是他被醫生做了額葉切除手術，成了真正的白癡。

74

羊再多也睡不著

◎快眼看實驗

地點：牛津大學。
時間：二〇〇一年。
主持人：Allison Harvery。
目標：數羊是否可以治療失眠。
特點：入睡的最簡便方法。
脫線指數：★★★
可模仿指數：★★★★★（居家必備良品，失眠患者的福音。）

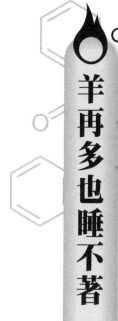

◎全實驗再現

「一隻羊、二隻羊、三隻羊……五百隻羊、五百零一隻羊…………一隻羊、二隻羊……九百九十九隻羊、一千隻羊……」

相信很多人，都有睡不著時的痛苦經歷，翻來覆去，總是感覺找不到舒適的睡覺姿勢，換來換去，還是異乎尋常的清醒，那感覺可一點都不幸福，於是，大家都知道有個「有效」的方法——數羊。

可是，世界上的羊都數了一圈，依然還是不能入睡。話說，人一生中至少三分之一的時間都在睡覺，可是，如果睡不著怎麼辦？這可是影響人生幸福指數的最大殺手。

來自牛津大學的 Allison Harvery 教授自己就曾有過失眠的經歷，數羊數得痛苦萬分，就一直立志要發現可以睡著的最有效方法。從二〇〇一年開始，他持續觀察記錄了五十名長期失眠患者，將他們分為三組，用不同的方式來進行治療，想看看究竟哪種方法可以真正催眠。

第一組失眠患者被要求要躺在床上，幻想一些寧靜的場景，比如：湛藍的天空，白雲輕輕地飄過；或是深幽的湖面，偶爾有一絲波紋散開。

第二組失眠患者被要求躺在床上，以傳統的方式來促進睡眠，就是數羊。

第三組失眠患者允許他們用各自的方式來催眠入睡。

經過長時間的觀察，Allison Harvery 教授分別記錄著三組不同的失眠患者入睡的時間，以及睡眠的品質，甚至精確到數羊的失眠患者，究竟數了多少隻羊的時候成功入睡。

最終的實驗結果為：第一組治療方法比第三組治療方法，可以提前二十分鐘入睡，而第二組治療方法比第三種治療方法要更遲入睡。也就是說，數羊的方式是效率最低的，而幻想寧靜的場景，則是最容易入睡的治療方式。

Allison Harvery 教授總結認為，幻想寧靜的場景，會使用大腦更多的空間，更加容易勞累，所以也就更容易入睡。

在採訪參與實驗的失眠患者的體會時，數羊的實驗人員紛紛表示，數羊最痛苦的是，當你數著數著慢慢陷入睡眠邊緣時，本來可以就此睡著的，卻突然忘記數到了哪裡，但已經習慣了繼續數，於是突然就清醒了，絞盡腦汁思索究竟數到了多少隻，實在想不起來就得重新數。那種感受，就像你睏得不行了，但旁邊總有個人在你即將睡著的時候，突然打你一下，喊道：「嘿，別睡了，數到多少隻羊了？」

而幻想寧靜場景的實驗人員則表示，在幻想天空的時候，莫名就覺得睏到不行，看著那紋絲不動的天空和白雲，就覺得很舒服，很想睡。

這個實驗一經公布，引起了社會的廣泛討論，來自美國農業部羊實驗中心的 Bret Taylor 說道：「其實，我也不支持以數羊來促進入睡，尤其是美國人，因為美國人數羊時，都會幻想羊跳籬笆，而實際上，羊根本不跳籬笆。」

IN視角

儘管人們一直譴責不該讓有限的生命都浪費在睡覺上，但是絕對沒有人會認為失眠是一件快樂的事。問題是，真正的失眠患者，都會在睡不著的時候，期盼這世界上若是有方法可以讓他快速睡著，付出一切都可以。

75 生活在床上

◎快眼看實驗

地點：床上。

時間：一九八六年一月

主持人：伯里斯．莫魯科夫。

目標：測試機體抗衰退的新方法。

特點：痛苦並快樂著。

脫線指數：★★★★

可模仿指數：★★（胖子們有了新生活指向標。）

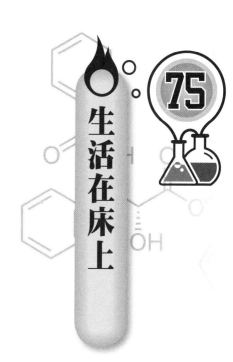

◎全實驗再現

莫斯科生物醫學問題研究所的伯里斯．莫魯科夫最近很忙碌，做為醫生和宇航員的雙重身分，他不僅要接受所有太空中的訓練，還要協助太空署研究人們如何能在太空中停留更久的時間，瞭解人類在經過很長時間的失重航行後，會產生怎樣的反應，是否有更先進的方法抵抗身體的自然衰退。

在太空艙中的失重狀態下，人體的心臟會轉為低功率的工作狀態，肌肉和骨骼幾乎都不需要承擔重量，長時間後肌肉會部分萎縮，體內紅血球的數目也會減少。當然，隨著身體所負擔的工作量的減少，人體所需要的氧氣也隨之減少。想要類比這一失重狀態，科學家們實驗多次，終於發現躺在和頭頂成六度的床上，可以基本實現這種狀態，而若想得到最完整的資料，經過測算，需要一年的時間。

莫魯科夫在報紙上刊登了一則廣告：「想尋找理想的工作嗎？這份工作是在床上進行，實際上，你並不需要做任何事情，只需要好好休息，若是想要閱讀、發呆、聊天，都可以，完全沒有限制。只是無論你做任何事情，都必須保持躺在床上。這份工作需要進行三百七十天，我們需要十一個應徵者。這是份完美的偷懶工作，並且，我們會為完成工作的人免費贈送一輛轎車！快來應徵吧！」

很快，莫魯科夫召集到了很多應徵者，看來送車的誘惑還是很大的，每個前來參與實驗的人，在瞭解了實驗的細節之後，態度依然非常認真，看起來就像真的想要為國家做貢獻一樣。只是，其中一名應徵者，在三個月後終止了實驗，原因是他已經有了一輛車。

最後確認了十一名男性應徵者，年齡在二十七歲到四十二歲之間，其中四人本身就是醫學家，大部分都有妻子和孩子，按照規定他們和家人每週只有一次碰面的機會。一年的實驗過程中，幾乎一半的實驗人員與家人的關係都走向了分離。

在實驗過程中，實驗對象不僅每天需要躺在床上，還需要被送入離心器中，去承擔八倍的重力加速度，這也是為了模擬反映宇航員在結束了太空飛行，返回地球大氣層時所遇到的情況。但對每個參與實驗的人來說，心理的負重遠比身體的負重要來得更猛烈。

十一個人分組安排在三個房間中，給他們看電視、閱讀、聽音樂來打發時間，一開始眾人覺得如此絕佳的機會，應該學點什麼，比如一門新的外語，但是很快他們就放棄了。因為每天處在真正飛行員的生活狀態下，連吃飯都是透過鋁管來進食，度過了最初的興奮後，他們實在是沒什麼好心情去學習。

很快，床上的「理想生活」就變得沒那麼舒服愉快了。無所事事，完全不能活動，甚至還有每天的藥物研究，讓他們的精神介於崩潰邊緣。在其中一個五人間裡，實驗對象們反目成仇，每天爭吵，也不願配合負責分發藥物的人員，最終導致莫魯科夫只得換掉了相關的醫藥人員，以滿足實驗對象的需要，藉此最終獲得了他想要收集的寶貴資料。

且不論實驗的結果如何，單說這個實驗本身的操作方式，三百七十天不是短時間，而且任何行為都不得坐起來或者離開那張床，任何一個正常人躺在床上一年，想必都會抓狂了。幸好最終沒有哪位實驗者，真的就此肌肉萎縮再也站不起來，也沒有人因此精神失常。但是毋庸置疑，莫魯科夫這個實驗，為太空中失重旅行，提供了最為真實有效的實驗資料，對於航空事業發展有著巨大的貢獻，從這個角度來看，支付十輛汽車，真的不算什麼。

76 生活在秤盤上的人

◎快眼看實驗

地點：秤盤。
時間：一六〇〇年。
主持人：聖多里奧。
目標：人體變化的量化研究。
特點：以身試法，絕對瘋狂。
脫線指數：★★★★★
可模仿指數：★（若想挑戰金氏世界紀錄，敬請效仿。）

◎全實驗再現

「你們知道嗎？帕多瓦有個瘋子！我舅舅告訴我，他年輕的時候就知道那個瘋子了。現在我都二十五歲了，他依然持續著他的瘋狂行為！」

西元一六〇〇年，帕多瓦小鎮的一位醫生，在百般無聊之際，想到了一個有趣的實驗。

這位叫聖多里奧的醫生，從年輕時就開始改造自己的診所，在房頂上打造了一臺天平一樣的裝置，打通一個洞，用垂下的繩索連接上一個碩大的秤盤。他把他的工作臺、桌椅以及床都放在了秤盤上。此後的三十年，幾乎人人都知道這個生活在秤盤上的瘋子。

其實聖多里奧的想法很簡單，他只是困惑究竟如何衡量人體由於進食、排泄等行為，所產生的那些細微的變化，尤其是體重的變化。為什麼有人不知不覺就胖了，而有人莫名其妙就瘦了？為此，他奉獻了自己三十年的時間。

每天，聖多里奧都過著規律的生活，早起先記錄一次體重，然後吃早餐，他所有的飲食都是從鎮上的餐廳訂好送來的，吃完早餐再記錄一次體重的變化。稍事休息後，進行一天中最為困難的任務，就是如廁，他需要在秤盤上的床邊放一個便盆，如廁後測量排泄物的重量。一切得歸功於聖多里奧那個刻度精良的秤盤，當初為了保證其精準程度，他可真是費了很大的力氣，改造了很久才如此精準。

聖多里奧透過紀錄發現：如果一個人一天吃進去八磅的肉和飲料，有五磅會在不知不覺當中蒸發了，因為排泄物實際上只佔所進食量的一小部分。而蒸發的方式或許是排汗，或許是水分的直接流失。

這一驚人的發現，直接讓聖多里奧從悠閒自得的醫生，搖身一變成為量化實驗醫學的鼻祖！當然，擁有這個高大上名稱的聖多里奧本人其實並不知情，因為他還在享受每天微小的變化中。

對後世來說，最為遺憾的，莫過於聖多里奧偷偷省略了實驗當中的一些細節，尤其是他在《實驗備忘二》中有一章叫做〈關於性交〉，可是並沒有細節的詳情，只是寫下了「無節制的性交，阻礙了四分之一的蒸發」，讀者只能開啟自己的想像力，去描繪那香豔的場景。可是問題在於，沒有人嘗試過在秤盤上生活，關於想像，實在也是太難。

一百五十年後，一個叫吉尼斯的愛爾蘭人在都柏林開辦了一家啤酒作坊，生產以自己命名的啤酒。當人們聚集在作坊喝酒時，常常會一邊喝酒，一邊爭論著世界上究竟什麼是最大的？什麼是最小的？什麼是最重的？什麼是最輕的？等無關大雅卻有趣的問題，聖多里奧就是其中被討論的一員。他三十年在秤盤上的生活被人們熱議，可惜再也沒有人可以超越他的紀錄了。

IN視角

大千世界，無奇不有，前文講過在床上生活的人，堅持一年就已經快要崩潰了，沒想到竟然還有願意在秤盤上生活的人，而且一待就是三十年！

單單想這三十年間，如何上廁所就是一件讓人難以想像，而又無法忍受的事情，大概任何一個正常人都會瘋掉吧！那些挑戰或者創造金氏世界紀錄的人，都是絕對的瘋子。不過無可否認的是，這個世界上很多瘋狂且超出正常人思維想像的，都是由瘋子所創造的，所以，請為瘋子們鼓掌吧！

77 長夜漫漫，無需睡眠

◎快眼看實驗

地點：猶他大學。
時間：二〇〇九年。
主持人：克里斯多夫·鍾斯。
目標：找出天生短睡眠者所共有的變異基因。
特點： 可喜又可悲的「特異功能」。
脫線指數：★★★★★
可模仿指數：零（天生的「特異功能」，要是能模仿，還叫天生的嗎？）

◎全實驗再現

俗話說：「早起的鳥兒有蟲吃。」

俗話又說了：「時間就像乳溝，擠擠總會有的。」

俗話還說：「人的一生最少有三分之一的時間是在睡眠中度過，所以抓緊奮鬥吧！」

這個世界上，總有那麼一部分人是和常人不同的。科學研究發現，世界上有佔總人口百分之一～百分之三的那微小部分的人，對他們來說，睡覺就是浪費時間，他們堅決並且執著地貫徹著這三句俗話，他們就是天生的「短睡眠者」。

所謂「短睡眠者」，指的就是那些在午夜後才上床睡覺，幾個小時就要起床，卻能保持一整天都精神十足，他們不僅是夜貓子，還是早起的鳥兒。

猶他大學的克里斯多夫．鍾斯做為知名的神經學家以及睡眠科學家，肩負著尋找如何影響並改變人類睡眠模式的重任。為了實現研究目標，他帶領眾多科學家們一同尋找那些神祕的「短睡眠者」。

整個招募過程中，有很多人給研究小組寫信，稱自己是天生的短睡眠者，還表示自願接受實驗。他們需要完成很多份的調查問卷，還有設計好的長時間的電話採訪，經過了初次的審核之後，工作人員還會給他們佩戴監測器，以跟蹤這些人在家中的睡眠模式。

在眾多問卷及電話採訪中，有一道問題是：「在週末或者假期，當你有機會睡得更久一點的時候，是否依然每晚只睡五～六個小時？」工作人員們發現，很多聲稱自己是天生短睡眠者的報名人當中，大都會在這道題目上選擇肯定的答案，也就意味著他們並不是真正的短睡眠者。經過層層篩選，鍾斯教授只找到了二十個真正的短睡眠者。

「我覺得睡覺就是浪費時間，每天都要到半夜兩點或三點的時候才會覺得睏倦，一大早七點左右就會醒來，每天早起的感覺特別清爽，所以一天的心情也很好！」

「我媽媽告訴我，說我從兩歲開始就不再打盹了，每天睡得都很少，現在的工作確實也很忙碌，完全沒有可以浪費的時間，我當然更不會在睡眠上考慮，而且我覺得自己依然精力充沛。」

「有時候沒那麼多事情做，無聊的時候就會一邊上網聊天，一邊做做填字遊戲，不然我會瘋掉的！」

「我選擇長期夜班，是因為雖然這聽起來很瘋狂，但的確很適合我啊！我寧可和朋友打麻將，也不願意睡覺浪費時間，而且，我的表妹和我一樣，所以我常會在凌晨四點打電話跟她聊天，我們從小就這樣。」

「我越到晚上越有精神，從晚上十一點開始就特別有精神，反正早上不用鬧鈴都可以早起，要是早上床睡覺，我會覺得自己浪費了一半的生命！」

……

科學家們分析完這些寶貴的資料，發現這些短睡眠者，通常從孩子時期就開始表現出來，家庭中會有遺傳，他們雖然睡得少，但是依然精力充沛、樂觀向上、開朗外向，甚至比一般人更願意全力以赴地工作。

他們擁有共同的變異基因，非常罕見，科學家們在小白鼠身上嘗試複製出了這種變異基因，發現小白鼠的睡眠時間也明顯縮短。

IN視角

前文提過生活在秤盤上的人，還有參加一年只躺在床上生活實驗的人，都離不開人類的一個本能，那就是睡眠。若是短睡眠者去參與了那些個實驗，恐怕是不僅自己要瘋，舉辦實驗的科學家也要抓狂了。

78 不要和土豪做朋友

◎快眼看實驗

地點：MTO（流動住房）。
時間：一九九八年～二〇一三年。
主持人：Ronald Kessler。
目標：幫助貧窮家庭。
特點：跟隨潮流的研究。
脫線指數：★★★
可模仿指數：★★★（雖然可能對健康不好，但是還是想說「土豪，我們做朋友吧！」）

◎全實驗再現

美國是個貧富差異明顯的國家，有富得流油的大佬，也有窮得無處安身的窮人。

為了幫助美國貧窮家庭的生活，哈佛大學的 Kessler 教授帶領隊伍參與指導了 MTO（流動住房體驗）專案的運作，在全國選了四千六百零四個家庭的參與，並從中統計出三千六百八十九名孩子的資料。四千多個家庭被分為三組，其中兩組可以獲得一筆租房基金，可以租住到比原來環境更好的社區，而另一組則繼續流動居住來做實驗參照用。

凱特是個六歲的小女孩，從她記事開始就不知道自己的爸爸是誰，而媽媽沒有工作，總是會喝得爛醉，回家對她打罵不斷。她不知道別的小朋友是不是也和她一樣的生活，在她的世界裡，天空總是灰暗的。

不過凱特最近很開心，因為政府的叔叔阿姨很熱心地給了她媽媽一筆錢，媽媽在買醉的同時，還換到一個好的社區居住。

剛到新家的時候，凱特看到隔壁的小女孩，穿著漂亮的粉色公主裙，頭上還有好看的 KITTY 貓蝴蝶結，就悄悄問媽媽，「我們的鄰居是誰呀？」

凱特的媽媽今天心情也很好，莫名其妙領了一筆錢，終於可以不用為了四處討酒，而被那些臭男人亂摸，還能帶著女兒換個環境，於是跟凱特說，「寶貝，我們的鄰居都是有錢人，以後我們也能像她們一樣有錢的！」

凱特還不太明白媽媽的話，但看到媽媽開心也跟著高興。

社區裡所有的叔叔阿姨都很關心凱特，給她很多好吃的和漂亮的衣服，還用一種同情的奇怪眼光看著她。

隔壁的小女孩告訴凱特：「社區有幾個壞孩子，妳要注意，不要跟他們玩！我爸爸媽媽說那些孩子會欺負女孩子，還會偷東西，要我離他們遠一些呢！」

一天，凱特跟隔壁小女孩出門時，遇到了所謂的「壞孩子」，她卻開心地邊喊邊跑，「湯姆哥哥！湯姆哥哥！原來你也住這裡呀？我和媽媽才搬過來，很久都沒有看到你了！」原來，湯姆是凱特以前在救助站時的好朋友，可是湯姆卻不像以前那樣歡欣雀躍地拉著凱特玩了，只是默默地坐在路邊看著路人。

這樣的場景描述多次發生在 Kessler 教授的實驗紀錄中，在這場持續了十~十五年的龐大實驗當中，Kessler 教授曾不只一次茫然地思考這個專案的真正意義。

因為他發現兩組獲得租房基金的實驗組中，男孩和女孩的境遇是不同的。男孩通常被當成「不良少年」而遠離排斥；女孩則會被認為是「弱勢群體」得以照顧保護。

這樣的區別，使得參與實驗的男孩們都很鬱悶，甚至有些患了 PTSD（創傷後壓力症候群），而女孩子們卻都很開心。

在 Kessler 教授的實驗筆記最後，寫了一段略帶傷感的一話：「有時我真的不知道這個實驗究竟是富人改變了窮人，還是窮人改變了富人？」

土豪的原意是地方上有錢有勢的家族或個人，現在卻帶著各種隱含意味全世界走紅，據稱還有望在二〇一四年加入牛津詞典。現下各種社交平臺人們都喜歡各種炫，無論是炫吃炫喝，還是炫富炫美，都是眼花撩亂，各種「土豪，我們做朋友吧！」的高調宣言處處可見。有時僅僅只是為了調節氣氛而已，有時卻是藉幽默的方式來表達自己的心聲。其實，不管有沒有土豪做朋友，只要開開心心、健健康康，自己就是土豪了。

79

猴子的數學水準

◎快眼看實驗

地點：某研究所。
時間：二〇一四年。
主持人：Susannah Locke。
目標：猴子是否會計算。
特點：不知道有什麼意義的實驗。
脫線指數：★★★★
可模仿指數：★★★（這年頭猴子都會算數了，數學不好的孩子們，還好意思嗎？）

◎全實驗再現

研究所最近很蕭條，沒有新的課題，對研究所來說等於斷了糧食，大家都病懨懨地趴著坐著，還有無聊的打蒼蠅、逗小白鼠的，要是被所長看到這個情景，恐怕是白鬍子都要氣飛了。

正當大家都昏昏欲睡的時候，有個人突然興奮地大叫，「嗨！快來看！猴子原來認識數字！」反正閒著也是閒著，大家都湊過去看他究竟發現了什麼新大陸。那隻猴子已經來了幾天了，本來是要做行為分析的實驗用的，突然投資人撤資，導致整個專案都擱淺了，可憐的猴子，每天跟大家一樣閒得發慌。

當研究人員把食物放在兩個盤子中，盤子底部分別都有不同的數字，對猴子來說，只能看得到盤子底部的數字，看不到盤子中的食物。可是幾乎每次，猴子都會選擇數字大的那個盤子，而每次都興奮地唧唧直叫。因為數字大的盤子中，恰恰是數量比較大或者比較好吃的食物。

大家頓時來了精神，在以往的研究中，還沒有出現過猴子是否會計算的實驗，乾脆，就研究這個方面好了！很快，大家就為這隻聰明的猴子，打造了一個可以進行實驗的籠子。猴子有舒適的被褥可以睡覺，籠子的一側有兩排電子螢幕，上面會顯示不同的數字或者符號，而電子螢幕連接的是外部的食物運送帶。若是猴子算出了結果，傳送帶就會被啟動，食物就會送進籠子，若是猴子算錯了，那就什麼都沒有，還會發出警報聲。

第一天，一群人興沖沖地圍著那個小籠子，電子螢幕上分別顯示著四和八的數字，猴子快速地就選擇了八，拿到食物吃得很開心；接著，又嘗試了二和六，結果這次猴子竟然選了二，在聽到刺耳的警報聲和看到一群人失望的眼神時，猴子齜了齜牙。接連做了五、六次，猴子竟然選對了一半，大家都還無法定論究竟猴子是會算還是會猜的時候，猴子一邊打著飽嗝，一邊睡覺去了，任憑再放什麼食物誘惑都不為所動，一群人面面相覷。

接下來的實驗可想而知，那得看猴子的心情和狀態來決定。當猴子餓的時候，正確率可以達到百分之七十八，但當猴子吃飽了，或者心煩意亂的時候，正確率只有百分之三十～四十。研究員們又從市場上買了幾隻猴子，發現過了最初的適應期後，幾乎每一隻猴子都可以在用數字大小選擇食物的時候，達到較高的正確率。在確認猴子果然是認識數字的基礎上，研究員們升級了實驗。

當猴子從睡夢中清醒過來，籠子附近已經圍了一群人，這幾天的實驗，牠已經習慣了這群奇怪的人各種表情和歡呼聲，於是慢慢走到電子螢幕前，肚子餓了，還是配合一下，有好吃的就行。結果，近日電子螢幕上並不是簡單的數字，一邊是「4＋5」另一邊是「8」，猴子愣了一下，抓耳撓腮了一會兒，正當大家都以為猴子完全看不懂的時候，猴子按下了「4＋5」的按鍵。

又做了幾次加法的選擇，猴子只做錯了一次，研究員們興奮地說：「上帝，猴子真是會做算術，若只是猜測不可能有這麼高的正確率！」有人提出是不是猴子只對數字的多次檢測有了記憶，可是當改為符號的多少的時候，猴子依然可以達到超過百分之五十的正確率。

IN視角

有趣的是，實驗者在最後提出，這個實驗研究的有效性還有待進一步驗證，因為目前實驗用猴都是公猴。當記者問到為什麼的時候，實驗者窘迫的說，母猴大都在生產，價格太高，研究所只買得起公猴……如此經濟窘迫的研究所，還在積極為科學做貢獻，大家都鼓個掌吧！

80 想要減肥快，就降溫吧

◎快眼看實驗

地點：荷蘭。

時間：不詳。

主持人：Wouter van Marken Lichtenbelt。

目標：減肥的最佳方法。

特點：造福民眾的好實驗。

脫線指數：★★

可模仿指數：★★★★★（為此實驗的團隊喝彩，很多人都糾結在減肥這個問題上鬱鬱寡歡，原來這麼簡單！）

◎全實驗再現

潔妮從七歲左右開始，小時候的豆芽菜，就悄無聲息地長成了一個胖子。這是個略顯傷感的過程，但從潔妮自小到大的照片來看，一點也看不出她的憂傷。看來，循序漸進地長胖對人的傷害並不大，可是如今，看著鏡子裡，似乎一動到處都在抖的肉肉，潔妮也是十分頭痛。

減肥對每個人來說，似乎永遠都是不變的主題。胖子想減肥成瘦子，瘦子想減肥成不要變成胖子，而那些已經皮包骨頭的也在減肥，當然這些人，我們歸類為腦筋不太正常的一類。

潔妮愛吃，屬於虔誠的愛吃一族，當然，大部分的胖子似乎都跟她是同一族的。所以，放棄美食，透過節食來減肥的方法，絕對不適合她以及她的族人們。

其實，潔妮每次在享受美食時，完全忽略了自己是胖子這個事實，往往在路過鏡子的時候，也會刻意地把頭轉到一邊裝作沒看見，但這些都不足以刺傷一個胖子頑強的心，刺傷潔妮的，是她暗戀了三年的學長。

畢業前，潔妮趁著酒勁前去表白，結果一不小心絆了一跤，生生把帥氣的學長壓斷了一根肋骨，至今還躺在醫院。

自從學長住院，潔妮日日在家拉上窗簾，扯著自己身上顫巍巍的肉肉，傷感無限。她在網路和電視上，瘋狂地尋找能快速有效減肥的方法，均告失敗。

這一天，潔妮進入一個論壇，一篇文章跳進她眼裡，寫著「科學驗證的有效減肥方法！我們理解那些脂肪陪伴多年的情誼，但現在，你必須跟它們說再見了！」煽情的句子抓住了潔妮，她撥打了電話，約定了前往參與減肥專案的時間。

來到一棟很洋氣的小樓，只見窗明几淨的房間裡，安了兩臺空調，實驗人員穿著白大褂戴著口罩，更像實驗室的醫生。

潔妮瞭解了專案的過程，一共四週，每週四天，要來到這個專門的房間進行減肥訓練，跟大部分減肥專案一樣，唯一不同的在於：每次在這個房間進行飲食和運動時，實驗人員就會把兩臺空調都打開，將溫度設定的比室外低五～八度，潔妮要在這個稍冷的溫度下，進行所有常規減肥項目。

一看到減肥計畫，潔妮就有點灰心，因為之前她已經嘗試過了絕食、運動，但都無疾而終，或者好不容易有了效果，一停下來立刻反彈，可是在實驗人員的說服下，她還是答應了下來。

一個月後，潔妮興奮地發現自己已經有了S型的曲線，人也精神多了。她停了一週，居然也沒有反彈回去。保持這個狀態的潔妮，四處與人分享減肥妙方，當然，也明白了自己參與的是個科學實驗，她做為上百名參與實驗的人當中，那過半的成功的人之一，已經瞭解並親身證明，此實驗的目的就是為了證明適當的寒冷，可以更加有助於減肥的成功。

IN視角

所以說，「三月不減肥，四月五月徒傷悲」這句話是有科學依據的，那些和身上的肉肉苦苦糾纏的胖子們，請尋找適度的溫度。當然，全世界每個地方的氣候都有差異，故幾月是最適合你的減肥時間，請自行推算。

81 花生過敏孩子的福音

◎快眼看實驗

地點：不詳。

時間：二〇一四年。

主持人：Andrew Clark。

目標：讓花生過敏的孩子可以吃花生。

特點：為了五顆花生，努力吧！

脫線指數：★★★★★

可模仿指數：★★★★（按照半年治療可以吃五顆計數，可以舔口花生醬還是有希望的！）

◎全實驗再現

小羅伯特今年六歲，是個很可愛的孩子，人見人愛，金色柔順的小捲髮，白皙的皮膚，大大的眼睛水汪汪地看著你時，心都被融化了。他最喜歡穿著他的小板鞋、白T恤和藍色牛仔褲，蹬著他的小自行車四處穿行。

「嗨！羅伯特！你作業寫完了嗎？來我家玩吧！」一個小胖子對著小羅伯特喊著，小羅伯特碰到了新來的同學湯米，就開心地把自行車停在湯米家前院的草坪上，蹦蹦跳跳地跟湯米進了屋。

「你好，這是誰家的小帥哥？」湯米的媽媽看起來非常開心，對她來說，離婚自己帶著兒子，實在不是件容易的事情，還好湯米非常聽話。剛搬來這個新社區，她都還沒有時間去交新朋友，湯米可是比自己強多了，想到這裡，她很想好好招待湯米的新朋友。於是，她對禮貌的小羅伯特說，「小傢伙，你們去樓上玩，我去做好吃的東西給你們吃。」

小羅伯特並不在意湯米的媽媽做什麼好吃的，他只是很開心又有了一個新朋友，而且湯米是個非常可愛的小胖墩。兩個人在房間裡時，湯米從床底下翻出自己最愛的玩具和小羅伯特一起玩。

當聽到可以吃東西了，兩個小傢伙歡天喜地地跑下樓。

餐桌上已經擺放了看起來非常美味的食物，三種甜點，兩道主食，讓兩個小傢伙大飽口福。

用餐的時候，湯米的媽媽看著兩個小傢伙滿臉都是食物殘渣，就去洗漱室拿毛巾給他們擦一擦。

突然，她聽到一聲重物倒地的聲音，然後就是兒子湯米的哭叫：「媽媽！媽媽！快來啊！羅伯特怎麼了！」

湯米的媽媽急忙趕回餐廳，只見小羅伯特躺在地上抽搐，嘴角還吐著白沫，眼白都快要翻出來了。她知道這一定是什麼東西過敏導致的癲癇，一邊懊悔怎麼就沒問問清楚，一邊打了九一一，然後開始做急救。

在醫院遇到聞訊趕來的羅伯特家人，湯米的媽媽一臉的懊悔和愧疚，小羅伯特的媽媽邊哭邊說：「他吃花生過敏！他不能吃花生啊！」

直到小羅伯特安全醒來後，湯米的媽媽才離開。

因為這份愧疚，湯米的媽媽回家後，查詢了所有關於花生過敏的資訊，還發現有位教授說透過治療有可能解決這個問題，就立刻去與小羅伯特的媽媽分享。

小羅伯特的媽媽半信半疑地，將小羅伯特送到教授那裡進行診治，經過六個月嚴格的治療，小羅伯特終於可以吃花生了，只是醫生說只能吃五顆。

無論如何，湯米媽媽的愧疚終於可以消除了，兩個孩子依然是非常好的朋友。

IN視角

英國科學家近日表示，致命性的兒童花生過敏極有可能治癒。有花生過敏史的兒童可以透過每日服用一定劑量的花生粉，讓自身逐漸對花生產生耐受性，進而可以食用一定數量的花生。

研究人員將進行相應的臨床實驗，目的是讓有花生過敏史的人，對花生逐漸產生免疫。他們表示，這些受試者之前食用花生後，身體會發生致命性的過敏性休克反應，但隨著實驗的進行，最後他們將可以至少食用十顆花生而無任何風險。但這並不等於永久性治癒這種症狀，只是透過每天服用一定劑量的花生粉，而維持體內對花生的耐受性。

82 精子居然都是定時炸彈

◎快眼看實驗

地點：某實驗室。
時間：二〇〇三年。
主持人：Anne Goriely。
目標：找出Apert綜合症的病因。
特點：每個男人都有一顆定時炸彈，當心隨時會爆！
脫線指數：★★★
可模仿指數：零（這個能不能模仿就不用考慮了。）

◎全實驗再現

Goriely 喝著咖啡，站在窗前出神，已經不知道是多少個夜晚，這樣獨自一人在實驗室做實驗了。可是每當她往自己從小就想要揭開的謎題方向前進的時候，卻總是失敗。她低頭看看自己的手，雖然依然有點怪異的姿勢卻靈活異常，回憶又一次如潮水般湧來。

從小，Goriely 就是個特別的孩子，她從出生時，就被發現第二和第三根手指是黏合在一起，像一坨肉一樣，連指頭的形狀都不明顯，看起來怪異極了。父母痛心地四處求醫，只得到一個「阿佩爾氏綜合症」的結論。那是一種先天的畸形，非常罕見。可 Goriely 的父母都是正常人，家族裡也沒有人有類似的病症，不知道為何厄運之神會眷顧這個可愛女孩，讓她承擔如此的不完美。

Goriely 在五歲的時候，父母找到專家給她動了手術，兩根手指是分開了，但依然是保持一個怪異的姿態。倔強的 Goriely 因為從小總是被其他小朋友嘲笑，甚至不和她一起玩，不願意和她拉手，當手術做完後，她堅持每天做手指鍛鍊，終於使那兩根手指，可以和正常人的手指一樣靈巧了。

大學時，Goriely 毫不猶豫地選擇了醫學，她就是想找到究竟為何自己會那麼不幸運的原因。所以當畢業前實習時，她選擇跟著有名望的教授，專門進行「阿佩爾氏綜合症」病因的研究，可是屢屢失敗，教授決定放棄這個課題。

Goriely 也很無奈，但她跟教授商量，每天晚上她自己在實驗室繼續研究。教授知道她很難死心，就同意了她的請求。從此之後，每天夜裡，實驗樓一個房間就一直亮著燈直到深夜，今日已經是第三個月了，連 Goriely 自己都開始迷茫是否選錯了方向。

喝了一半咖啡，Goriely 踱回實驗臺，看著實驗臺上一份份的精子樣本，沒錯，早在九〇年代，就有牛津大學的研究人員，發現精子與很多遺傳疾病有關，但她幾乎研究了每個精子樣本，都沒有發現任何能造成 Apert 綜合症的跡象。

Goriely 今晚有點煩躁，她將所有精子樣本都混進了一個容器，扔在一旁，她已經打算放棄了。

突然，Goriely 睜大了眼睛，難以置信地看著電腦螢幕裡顯現出的景象，完全沒有注意到滾燙的咖啡，已經順著傾斜的杯子澆到了手上。她幾乎是瘋狂地扔下杯子，把那個混合了精子樣本的容器，放置在顯微鏡下繼續仔細觀察。終於發現，原來在每個男人的精子中，都會有突然變異的精子細胞，而累代的精子細胞的傳遞，則有可能造成那些極為罕見的病症的發生，而阿佩爾氏綜合症正是其中的一種。

實驗結果一經問世，Goriely 立刻聲名大噪，但她卻就此退出了瘋狂實驗的舞臺。解開了自己一直以來的謎題，她終於可以安安心心地做自己喜歡的事情了。

IN視角

人們都說「唯女子與小人難養也」，實際上男人才是最危險的動物。每個男人身上都埋著一顆定時炸彈，運氣好，可能直到老死也不會爆炸，運氣不好，恐怕是還沒快活多久就已經爆炸了。但就研究結果來看，年齡越大生子，似乎在下一代爆炸的機率會更高一些，但即便如此，也只是小之又小的機率，不然怎麼說Apert是非常罕見的病症呢？所以，當女人們將自己最美好時期的卵子儲藏時，也建議年輕男士們考慮將自己的精子儲存在精子銀行，以備不時之需。

83 大腦在災難面前的抉擇

◎快眼看實驗

地點：日本。
時間：二〇一一年~二〇一二年。
主持人：Rajita Sinha。
目標：找出地震對大腦產生的影響。
特點：戰鬥還是逃避，是自己的選擇！
脫線指數：★★
可模仿指數：零（災難若是能被預知，秉著泯滅良知不通報的決心，才有可能複製此實驗，但誰又能做到？）

◎全實驗再現

山島今年大學四年級，到了要尋找企業進行實習的時間，他很想帶著好友川崎一起去各種面試。無奈川崎終日坐在宿舍裡不肯出門，憂鬱症的情況也越來越明顯，這讓山島非常傷感。

兩年前，剛剛完成專業課程的山島和川崎，因為好奇，一同參加了耶魯大學醫學院一個精神病學教授的研究。

那個自稱 Rajita Sinha 的教授是研究關於人類大腦結構變化的，兩人和其他三十五名志願者一樣，都是日本大學的大學生，研究人員為他們進行了一系列的腦部掃描。

一年前，日本突發大地震，當時山島和川崎正在圖書館複習功課，突然感到地面開始顫動，整個圖書館的燈都在搖搖晃晃。大家意識到是地震，紛紛向外逃散，而圖書館外的場景更是讓人震驚，宿舍樓竟在眾人面前緩緩崩塌。

山島的一隻胳膊骨折了，川崎的一條腿被壓斷了，但都不算重傷，在救治中都漸漸恢復了過來。

他們在醫院接受救治時，當年做腦部掃描的教授又來到了日本大學，讓研究人員為當年參與實驗的三十七人，做了與當年完全一樣的腦部掃描。隨後告知他們結果，說每個人大腦中的海馬體和眼窩前額皮質體積，都發生了明顯的縮小，還解釋說海馬體是主管記憶的一部分，如果受損，不僅記憶會受影響，還有可能引起憂鬱、精神分裂等現象。而眼窩前額皮質則與大腦傳達關於情緒的命令有關，所以教授鼓勵所有經歷地震的學生們要堅強勇敢。

其實，所有聽教授說要堅強勇敢的學生，都在心裡罵教授：這輩子我都不想再經歷這樣的事情！還說什麼堅強勇敢，能活下來就不錯了！

在那之後的一年裡，山島和川崎以及當年接受腦部掃描的其他三十五人，經歷了校舍的重建，課程的恢復，人生軌跡看似一點點回歸到正常的軌道。但每當夜深人靜的時候，他們都知道自己曾經歷過別人沒有經歷過的事件，那些回憶，依然會鋪天蓋地地席捲自己整個大腦。

這些人當中的某些人，如同川崎一樣，慢慢變得越來越沉默，越來越不願意與人交流，眼神越來越迷茫，似乎找不到人生的意義。而山島本來也和他們一樣越來越消沉，但有一天，當他看著好友川崎竟然在課堂上默默哭泣時，他突然就像被一把大錘重擊一樣，開始反省自己究竟是在做什麼？雖然經歷了災難，但是活下來了，還有什麼理由怨天尤人？究竟該選擇面對並戰鬥，還是轉身逃開？山島選擇了前者。

一年後的腦部掃描中，教授發現山島儘管海馬體持續萎縮，但眼窩前額皮質體積卻增大了。

後來，在對三十七人的長時間研究中，教授得出結論：大腦是時時刻刻都在變化的，當遭受災難或是巨大壓力時，大腦也在面臨究竟是前進，還是後退的兩難抉擇，最終選擇哪條路，才決定真正人生的軌跡。

IN視角

教授一開始進行這個研究時，壓根兒就沒有想到會研究到這個方向，真是歪打正著找到了極好的課題。但問題在於，只有三十七人的實驗樣本，可信度究竟如何，還真是沒辦法說清。而實驗的複製擴大卻是難上加難，畢竟，誰又能預知災難會在何時何地發生，就算有人或者有技術，能夠得知災難將會在哪裡發生，哪些人將會經歷這場災難，在完全無法控制災難成本的情況下，去複製這個實驗，只為得知這個實驗的結果是否正確的話，這樣泯滅人性的做法，我相信也不是常人能夠做到的。

84 狗狗的快樂和悲傷

◎快眼看實驗

地點：英國。

時間：二〇〇〇年。

主持人：帕斯卡．貝林。

目標：找出狗狗如何能感知人類的感受。

特點：溫情無限的實驗。

脫線指數：★★

可模仿指數：★★★★（狗狗是人類的朋友，我發誓我不吃狗肉！沒有買賣，就沒有殺害！）

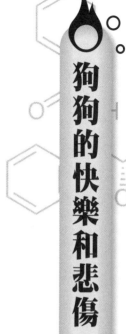

◎全實驗再現

貝林從小就覺得自己和動物特別有感情，只要是小動物接近他，他就會特別開心。

從小到大，貝林都養狗，雖然已經送走了兩個好夥伴，但悲傷過後，他會把所有感情都投注在新的狗夥伴身上。他覺得有時人類還會欺騙傷害，但動物完全可以懂他的心，也絕對不會傷害他。

如今的貝林是大學裡神經學教授的助手，每天跟著教授進行人類神經系統的各種實驗研究，而回家後，和自己的大狗亨利一起玩，是最好的紓壓方式。他有任何不開心或者鬱悶的事情，都會跟亨利傾訴，甚至向心愛的女孩表白被拒絕時，他也是一邊喝著啤酒，一邊跟亨利訴說著委屈。亨利會默默地聽，然後把頭在貝林身上輕柔地蹭著，表示自己的同情和理解。

最近，貝林的導師進行了一個研究課題，是多年前就已經開始，卻擱置很久的研究領域，是關於人類大腦「聲音區域」的研究。所謂人類大腦的「聲音區域」，被認為是人類語言進化的一個顯著特徵，是人和動物區別的一個特質。平日裡，當我們聽見朋友喊你的名字時，即便沒有看到他人，腦海中已經率先浮現出朋友的樣子，並可以根據喊你名字的聲調，來判斷出朋友喊你時的心情狀態，這個能力靠的就是大腦當中的「聲音區域」的判斷和存儲功能。

這一次，教授開始研究人類是否可以分辨出，動物的叫聲裡傳達的情緒。貝林非常興奮，把自己的亨利帶去當志願狗，實驗一共找來了三十九名志願者，會給他們隨機播放二十八種不同的聲音，其中有女性的聲音、嬰兒的聲音、男性的聲音，還有亨利的狗叫聲，而志願者需要在聽到每一種聲音的時候，快速進行此聲音的情緒判別。

經過實驗發現，無論是人類還是動物，都被認為短促的聲音，表示的是相對積極的情緒，而消極的情緒，通常都會用較長的聲音來表示，而當聲調突然升高時，通常表示的是非常強烈的情緒。

這個實驗結果給了貝林靈感，他想起平日裡和亨利的相處中的很多默契，就跟教授提議，也許還可以增加一個實驗，瞭解動物是否也可以分辨出人的情緒。

教授覺得是個有趣的想法，就同意了貝林的請求。實驗當中，十一隻狗狗包括亨利也在其中，被分別帶入一個房間，站在一個連接大腦掃描器的臺子上。實驗人員給狗狗們播放兩百段狗和人類的聲音，並打亂了排序，但聲音中會有傷心、大笑、發牢騷、無聊等情緒，透過觀看狗狗的大腦掃描圖，來甄別牠們是否具有識別功能。

同時，另有十一名志願者，也接受了完全一樣的實驗，而透過對這十一名志願者和十一隻志願狗的大腦掃描圖發現，原來人類和狗狗居然具有同樣的對聲音的處理功能，且處理過程幾乎都是一致的。

這個研究一下子顛覆了當時的科學偏見，也打破了「聲音情緒判別」是人類特有的說法。

IN視角

實驗充滿了濃濃的溫情，我相信只有喜愛動物且和動物非常親近的人，才能理解這個實驗的真正意義。

如此的實驗並不瘋狂脫線，但卻希望藉此可以呼籲一部分的人——「沒有買賣，就沒有殺害！」請尊重並善待人類的朋友——可愛的狗狗。

85 斑馬的條紋外衣

◎快眼看實驗

地點：亞洲、非洲。

時間：二〇一四年。

主持人：Tim Caro。

目標：斑馬為什麼長條紋？

特點：僅僅為了威懾蠅蟲，斑馬硬是長出一身漂亮的條紋！

脫線指數：★★★★

可模仿指數：★★★★（對人類或者動物來說，一個好的外表不僅是驕傲的資本，更是威懾利器！）

◎全實驗再現

非洲的大草原上有很多動物，有的每天四處覓食閒逛，有的為了躲避天敵奔波流浪，還有的仗著自己王者的風範，巡視領地驅逐外來者。

每天若是有機會在草原上觀察那些動物，你會發現非常多有意思的情景。

Tim Caro 帶領著自己的一個研究小組，深入亞洲和非洲的草原腹地，想要研究那些不同種類的動物們身上靚麗的皮毛和花紋都是做什麼的。持續七個月的實驗，讓大家的心都繫在了草原上，每天和動物在一起，和諧的時候，靜謐溫暖到讓人感動到想哭，衝突的時候，被猛獸追著滿草原跑也是有的，所幸有驚無險，最終都熬了過來。

在一邊與動物生活，一邊進行研究分析的過程中，Caro 發現動物身上的顏色和花紋，大多分為幾類功用，最常見的就是為了融入環境，讓自己的樣子和顏色與周圍熟悉的環境最為接近。這樣可以最大限度的保護自己，不那麼容易被其他具有攻擊自己能力的動物發現，並發起攻擊，例如很多鳥類以及犀牛、鱷魚等。

還有一部分動物的顏色是為了控制自身的熱量，只是這部分動物在非洲出現的機率相對較少，北極熊就是最典型的例子。一身厚厚的白色皮毛，就是為了吸收熱量，讓牠可以在冰天雪地裡，依然保持自己的溫暖和熱度。

有些動物的花紋，是為了進行族群之間的交流以及擇偶時的選擇，很多漂亮的鳥類都是如此。當求偶季節來臨時，這些鳥紛紛展開自己漂亮的羽翼，就是為了吸引最好的另一半。也有不少動物是為了在不同族群間交流時，用自己漂亮的花紋進行展示和溝通，來確立自己在族群內的地位的。

一切的實驗研究都很順利，可是當 Caro 看到斑馬的研究資料時，著實一個頭兩個大。整個研究小組研究了很久，也無法把斑馬那一身美麗的條紋，歸為任何一種已經證實的功能範圍。

每天一群人窩在實驗棚裡，任務就是觀察斑馬的生活。

斑馬每天悠哉遊哉地在草原上閒逛，走姿非常優雅，漂亮的條紋在陽光下泛著亮眼的光芒。可是實驗棚裡的研究人員們卻是苦不堪言，每天都在記錄斑馬的各種資料，忍受酷熱不說，還有蚊蟲肆虐，當真是過得不容易。

到最後，Caro 得出一個讓大家都很囧的結論：根據我們的資料，證明了斑馬條紋的作用，是為了威懾吸血蠅蟲的降落！

當大家聽到 Caro 驚人的理論時，都表示不能理解。

Caro 解釋說，對非洲的動物來說，吸血蠅蟲絕對是可怕的存在，尤其對斑馬來說，牠們的血液更容易被吸血蠅蟲吸取，每天大概會損失兩百～五百CC的鮮血，更何況還有可能因此傳播惡性疾病，造成整個族群的滅亡。

小小的吸血蠅蟲無處不在，唯有對條紋狀的物體會避開，所以說斑馬的條紋，是為了威懾避開吸血蠅蟲而存在的。

IN視角

這個單調的實驗，得出了一個華麗的結論，看來動物世界也真是豐富多彩，充滿了囧的味道。「驅蚊」居然也能在物種進化中發展出來，的確從常識來說是難以理解的。Caro的實驗，實際上並不能夠算是足夠樣本數量的研究，所以在有效性上有所缺乏，幾乎可以想見，Caro在分析資料時，是有多麼的困窘和無助，很有可能是最後一拍腦袋，「算了！頭髮都快想沒了！就這麼決定了！斑馬的條紋是為了驅蚊！」就這樣，斑馬瞬間就變成了驅蚊高手。

86 驅蚊保衛戰

◎快眼看實驗

地點：英國。

時間：二〇〇一年。

主持人：詹姆士。

目標：改變蚊子的基因。

特點：蚊子將因吸血不能消化而滅亡。

脫線指數：★★★★★

可模仿指數：★★★★★（被蚊香薰得七葷八素的，蚊子卻還在繼續逍遙四處吸血，強烈盼望科學家盡快普及推廣此技術！）

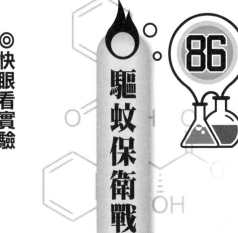

◎全實驗再現

詹姆士是生物系的實驗助理，平日裡總是喜歡泡在實驗室裡，甚至有時導師覺得他要「長」在實驗室一樣，就會把他趕回家。

無奈之下，詹姆士把自家的後院改造成了實驗室，那個曾經藤蔓縈繞綠草叢生的小院，硬是擺滿了千奇百怪的實驗設備和各種玻璃器皿，看起來有種詭異的和諧。

一天，導師見詹姆士每天形單影隻，只知道做實驗，就給他介紹了一個女孩，期望他能談談戀愛，透過愛情來讓自己的生活變得正常一些，畢竟他只是一個二十二歲的年輕小伙子。

詹姆士無法拒絕導師的安排，就依約和女孩在餐廳吃了頓浪漫的晚餐。他對這個名叫瑪塔的女孩還滿意，瑪塔也覺得詹姆士不錯，可是唯一讓她覺得不舒服的，就是詹姆士總是會不時在身上撓癢。

飯後，詹姆士鼓足勇氣，邀請瑪塔去自己家中坐坐，瑪塔猶豫了一下便同意了。來到詹姆士的家很溫馨，詹姆士讓瑪塔等他一下，然後跑到小院收拾了一下實驗器具，點了兩根蠟燭，還放了輕柔的音樂，同時打開了一瓶紅酒。當瑪塔走進小院時，覺得這裡是個特別浪漫的世外桃源，這份驚喜讓瑪塔一掃心中那一點點的不舒服，詹姆士在她心裡的分數頓時大大上升。

兩人喝著紅酒聽著音樂，愜意地坐在鞦韆上聊著天，很快就有曖昧的氣氛在周圍飄散。兩人越靠越近，終於要吻在一起了，突然，詹姆士賞了瑪塔一個耳光，雖然不用力，但瑪塔當時就呆住了。她繼而大怒道：「你幹什麼！」

詹姆士窘迫地紅著臉說：「對……對不起！我只是……我只是剛才看到蚊子在妳臉上，我怕牠吸妳的血，就想把牠打死……」瑪塔惱羞成怒，轉身離去。

瑪塔走後，詹姆士委屈地坐在鞦韆上，周圍蚊子越來越多，這些都是他餵養的蚊子。最近他研究的課題是，如何更有效地防止蚊子吸血帶來疾病，自己已經為此被叮了無數的包，每天都奇癢難耐。這個實驗讓他非常焦躁，一方面希望可以完成研究課題，一方面又希望盡快消滅這些蚊子，他嘗試了許多種奇葩的驅蚊方法，可是都不管用，似乎他的血特別讓蚊子感興趣。

兩個月後，詹姆士在與瑪塔相親未果的沉痛打擊下，加大了實驗力度，採用了更多，更為極端的方法來進行測試。他最終發現，或許可以透過改變蚊子體內的基因，讓蚊子在吸血後無法消化血液。如果無法消化血液，就無法進行酶的分解和攜帶，自然也就無法傳播疾病。而另一方面來講，無法消化血液的蚊子也是無法存活的。

這是個兩全其美的方法！詹姆士因提出此理論一舉成名，但此技術至今也沒有面世，從理論到實踐，依然有漫長的道路要走。

IN視角

網路上，殺死蚊子的方法千奇百怪，但詹姆士用自己的親身經歷告訴我們：「很多理想的實現都與愛情有關！」

87 失眠的superman

◎快眠看實驗

地點：美國。

時間：不詳。

主持人：Rachel Salas。

目標：失眠人群大腦的可塑性。

特點：失眠是好事還是壞事，很難有定論。

脫線指數：★★★

可模仿指數：★★（若是失眠的人，可以將大腦塑造成super brain，是否會像很多俠士一樣解救人類？）

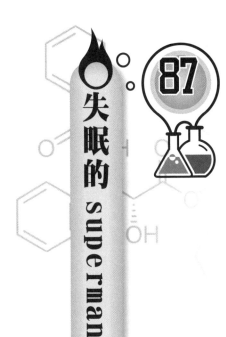

◎全實驗再現

海莉今年三十二歲，正值事業的巔峰期，而她所在的公司也處於蒸蒸日上的階段，需要更多的精力投入。可是海莉卻無能為力，空有一腔熱情卻無處使力，因為她是一名失眠症患者，無法正常睡眠導致一系列症狀，她的大腦似乎一直都在高速運轉。這讓她處在極度的焦慮之中，完全無法集中精力工作。海莉嘗試了許多治療失眠的方法，都沒有什麼效果，而她的丈夫，卻是個睡眠極佳的人，每天入夜，很快進入極為香甜的夢鄉，而獨留海莉一人睜著眼睛痛苦。

為此，海莉常常會對他發脾氣，有時自己也知道是毫無緣由地爭吵，好在她的丈夫是個脾氣非常好的男人，也瞭解妻子的痛苦，總是忍讓她的壞脾氣。

最近，海莉的丈夫看到一則徵詢報導，招收夫妻共同參與實驗研究，最好是其中一個人有失眠症的，保證可以找到癥結，並提供治療方案。海莉認為是騙子手法，丈夫說反正也試了那麼多方法，不差這一次了，海莉無奈地同意前往。

來到廣告中提及的實驗中心，自稱負責實驗的教授 Salas 說：「各位！我們非常瞭解你們其中一部分人的痛苦，失眠不僅僅是無法享受睡眠的問題，更重要的是，睡眠帶來的神經的紊亂和驚人的興奮，並不僅僅只是在夜晚，幾乎是二十四小時，時刻都在影響你們的情緒。所以，我知道你們都非常希望可以有機會能香甜地睡一覺。我們的實驗會幫助大家找到失眠的根源，讓我們一起揭開這個謎題！歡迎你們！」

實驗共有二十八名志願者，幾乎都是夫妻雙方共同前往，有的是一方失眠，一方沒有，有的則是兩人都有失眠症，二十八人中共有十八人患有失眠症，而另十人則是正常的。

Salas 用 TMS 即經顱磁刺激，來試圖啟動二十八人的大腦中的運動皮質區域。當接收到這個刺激，他們的四肢，會向特定的方向不受控制地運動。這些人的四肢都被綁上了加速計量運動幅度的儀器，Salas 說是要觀察他們可以在多久的時間內，學會反方向地四肢運動，其實就是瞭解他們控制四肢的能力。這種能力來自於運動皮質的靈活度，而失眠症的患者，恰恰是運動皮質部位的皮質醇影響導致的。

Salas 驚訝地發現，二十八人中，那些失眠症患者的四肢適應時間，要遠遠短於那十名沒有失眠症的志願者，這也就說明失眠症患者們的大腦運動皮質非常靈活。這是大腦可塑性極強的一種表現，但是這種可塑性究竟是好事還是壞事，他也說不清楚。

實驗結束後，海莉滿懷期待地問 Salas 是否找到了有效的治療方法，Salas 吞吐地說：「呃，其實，我們的確是發現了失眠症的一些根源表現，你們的大腦是非常神奇的，也具有非常高的可塑性。這種可塑性可以讓你們的新陳代謝加快，皮質醇含量上升，在這種狀態下你們可以創造很多東西。呃，當然，也有可能造成你們長期的焦慮。」

海莉聽得雲裡霧裡，打斷 Salas 說：「教授！我想問的是究竟是不是有方法可以治療呢？」

Salas又扯了一番醫學術語，依然沒有正面回答海莉的問題。

最後，海莉憤然離去。

IN視角

其實Salas也非常鬱悶，他無法對前來的志願者明說，他實驗的真正目的其實是為了觀察TMS這個技術，是否可以應用在疾病的治療上。但若不是用漂亮的廣告吸引那些人前來，又怎會有那麼多失眠症患者忍著痛苦，專門前來給他做實驗呢？科學的道路上，永遠也沒有對錯可言，參與實驗的人們，也沒有是非的選擇，每個人有不同的目的和選擇，但Salas最終還是在研究報告上標註了：TMS是可以治療憂鬱症的，而且經由實驗證明，也有可能治療失眠症患者，至於何時，那是另一方面需要討論的事情。

88 請和我上床

◎快眼看實驗

地點：佛羅里達州立大學。

時間：一九七八年。

主持人：拉塞爾・克拉克。

目標：找出在面對性挑逗時，男女的不同反應。

特點：超前的實驗卻拖了十一年才能面世。

脫線指數：★★★★★

可模仿指數：★★（充滿曖昧的實驗過程，很直接的實驗結果，卻苦於過於超前無法傳播，各種鬱悶啊！）

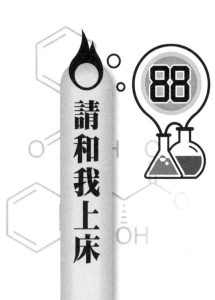

◎全實驗再現

琳達非常喜歡春天的佛羅里達，校園裡百花齊放，五顏六色且香氣宜人，沒有討厭的壞天氣，人的心情也不由得越來越愉悅。她喜歡戴著耳機，在操場上慢跑，每天一小時，在這個季節，似乎非常容易堅持平日裡討厭的這項運動。

這天傍晚，琳達照例在操場慢跑了一小時，倚在一旁的欄杆上，抽出一根菸點上，這個時候點根菸，聽著音樂真的是無比愜意。

正當琳達閉著眼享受這一時刻時，感到有人拍了她一下，她睜開眼，一個年輕帥氣的金髮男微笑地看著她，示意她取下耳機。

琳達困惑地取下耳機，就聽那個男孩說：「嗨！我剛才看到妳在跑步，不由自主就被妳吸引了，我跟了妳一路，在我眼裡，妳簡直美得讓我無法呼吸。請問，妳願意今晚跟我上床嗎？」

琳達當時的表情非常誇張，本來有個帥哥來搭訕是挺美好的一件事，可是最後問出那個問題，實在是讓人生氣起來，她哭笑不得，氣憤地轉身離去，扔下一句：「神經病！滾開！」

同一時間，校園的另一側的湖邊，約翰正百般無聊地坐在湖邊的長椅上，往湖裡扔石子。宿舍裡的其他男生都有女朋友可以約會，只有他居然在湖邊扔石子。

當約翰扔了第十一顆石子時，長椅的另一側飄來一陣香氣，他回頭一看，一位婀娜的妙齡小姐坐在長椅上，對著他顧盼生情。約翰都看傻了，當他聽到小姐說的話時，簡直是心花怒放。

姑娘略帶羞澀地對他說：「你晚上想帶我回家嗎？」

約翰當時都笑傻了，抓著小姐的手說：「好呀！好呀！不必要等到晚上，我們現在就可以啊！」然後抓著小姐的手就要往前走。

結果，小姐甩開了他的手，冷冰冰還略帶鄙夷地對他說：「謝謝你配合我的實驗！再見！」獨留下約翰呆呆地站在原地。

原來，這是心理學家拉塞爾・克拉克設計的一個實驗。

當時的社會正處於變革期，他提出男性與女性在擇偶時的差異表現，源於生理上的不同，這一觀點遭到了當時很多心理學家的排斥。

於是，他在校園中募集了五位女性和四位男性志願者，分別伺機尋找異性搭訕，然後用露骨的語言來給對方性暗示。結果發現，被搭訕的十六名女性中，遭到了完全的拒絕；而同樣十六位被搭訕的男性中，卻有十二位接受了邀請。

克拉克興奮地將這一實驗結果寄往各大報社，希望可以盡快發表面世以證明自己的理論，結果媒體無一例外地拒絕了他。無論言語多麼婉轉，對方表達出的意思均是「絕不可能發表這樣的實驗結果！」

直到十一年之後，他的實驗才被刊登面世，並引起轟動。BBC 則在英國重複了克拉克的實驗，並用隱密的攝影機將其記錄下來，製作成了紀錄片，克拉克的理論終於得以證實。

IN視角

實驗和很多事情一樣，講求「天時、地利、人和」，缺一不可，克拉克大膽地提出設想，實驗的過程和結果都沒有問題，可是就是少了「天時」這個環節。在社會大環境無法支援結論的前提下，再好的實驗也只能被掩蓋。

克拉克算是幸運的，他選擇了人類進程史中，必然要經歷的困惑做為研究方向，所以才能在十一年之後被最終面世。在後來，研究結果引申為：面對性誘惑時，兩性的不同表現是展現男人笨的間接證據。看來無論在什麼時候，克拉克的實驗都註定要站在風口浪尖上。

89 電腦的黑名單

◎快眼看實驗

地點：芝加哥。

時間：二〇〇八年。

主持人：Miles Wernick。

目標：幫員警發現並解決問題。

特點：人和人工智慧的選擇，這是個問題。

脫線指數：★★

可模仿指數：★★★★（人類的發展必然需要人工智慧的介入，只要能夠很好地控制，確實可以造福人類。）

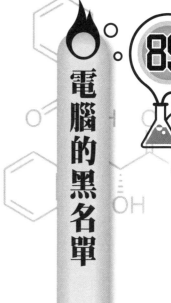

◎全實驗再現

芝加哥城市中心霓虹閃耀，而附近的小城，相較之下就安靜多了。在夜裡十二點，幾乎家家戶戶都熄滅了燈，進入了夢鄉，只有街頭昏黃的路燈投下的光暈，還在輕輕撫慰著這個小城。

這時，街角的一間房子，突然傳來「啪」的一聲脆響，似乎是玻璃碎裂的聲音，其他的房屋陸續亮起了燈。

有人罵了幾句繼續入睡，有人出門看了看，沒發現什麼又回屋繼續睡覺。那家破了玻璃的房子裡，應該是沒有人，始終沒有亮燈，但隨著周圍慢慢又歸於平靜，房內亮起了微弱的燭光，一個相貌清秀的男孩，帶著得意的笑容在屋裡轉了一圈，悄悄從窗口退了出去。

幾天後，主人回家發現玻璃破碎，卻沒有發現任何遺失的東西，以為是哪個孩子惡作劇就此作罷。三天後，正在家裡睡覺的大衛被敲門聲吵醒，開門一看，竟然是芝加哥員警。員警對他說：「大衛，我們隨時會盯着你！如果你犯了罪，將會受到重罰！」大衛莫名其妙卻驚恐地無言以對。

大衛只有十六歲，是小城裡出名的「小混混」，總是喜歡嚇嚇比他小的孩子，或者搞出點惡作劇出來。他的父母離異，他一直跟著奶奶居住，奶奶年紀大了，也管不住他。但大衛從來沒有過任何的犯罪紀錄，也沒有真正地犯過任何的暴力事件。前幾天打破玻璃的就是他，當時他只是跟其他小夥伴打賭看誰有膽量做那件事，而他沒有偷取任何物品，並不構成任何犯罪事實。

一週內，芝加哥各地的「小混混」陸續都受到了員警的警告，全城的「小壞蛋們」都開始陷入了恐慌。因為所有人都知道了，芝加哥警方不知道用了什麼方法，竟然發現了所有平日裡有暴力傾向，或者可能是品行不端的人。這次警告也讓所有「小壞蛋」都不敢再做壞事，因為他們知道員警會一直盯著他們，一旦他們做了任何違法的事情，可能很快就會被發現並抓起來。

實際上，這是一個名叫 Miles Wernick 的教授發起的一項龐大的實驗項目，Wernick 教授原本是配合美國軍方進行資料分析工作的，有鑑於美國的青少年犯罪率居高不下，又造成了更多後續犯罪率的上升，所以對於青少年暴力傾向的追蹤，成為美國政府極為關注的領域。

二〇〇八年，美國國家司法研究所向警方推薦了這個項目，在 Wernick 教授與芝加哥警方的配合下，芝加哥警方擁有了完整的資料庫，並且用智慧電腦搜索分析出了整個芝加哥地區，所有可能具有暴力傾向的青少年，於是才出現了故事開頭的那一幕。

這個智慧電腦分析出的「黑名單」一度讓警方非常興奮，但很多社會人士提出了可能隨之而來的問題，例如對民眾隱私的侵犯，以及電腦的準確性等。但顯然從警方的角度來說，是不願放棄能讓他們省心省力的智慧電腦的。

IN視角

《疑犯追蹤》中哈樂德做為人工智慧之父，創造出龐大的，可以監控一切並分辨威脅性的電腦，卻未曾想到他製造的電腦，已經具有了自己的意識和分辨力，不再聽他的指揮。人類的發展，總是經歷著這樣矛盾的時刻，希望像上帝一樣可以指揮一切，又擔心真的創造出上帝，自己無法自處，世界會被顛覆。人和人工智慧，最終的界限究竟在哪裡？

90 吸血鬼療法現世

◎快眼看實驗

地點：美國。

時間：二〇一三年。

主持人：托尼・懷斯・科雷。

目標：幫助老年人群逆轉衰老跡象。

特點：新時代的吸血鬼療法。

脫線指數：★★★★

可模仿指數：★★（返老還童不再只是神話，可是這吸血鬼療法普及開來，卻是很可怕的！）

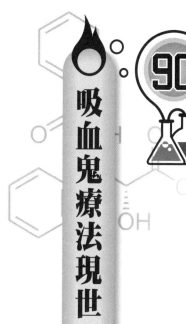

◎全實驗再現

艾倫的意識漸漸恢復，本想睜開眼看看周遭的情境，但大腦深處傳來的一陣眩暈，讓他只得放棄這個想法，繼續放鬆讓自己再緩一緩。十分鐘後，艾倫慢慢睜開眼睛，一個醫生模樣的人充滿期待地看著他，眼裡的狂熱和興奮溢於言表。

艾倫吐出的第一句話是：「我想起了很多年輕時的事情！」

咦？他驚詫的是聽起來並不像自己的聲音，明顯比自己的聲音要年輕許多，仔細辨認倒是有點像年輕十歲的自己的聲音，醫生模樣的人，拿來一面鏡子遞給艾倫，艾倫接過鏡子拿到近前，立刻就被驚得睜大了雙眼。

鏡子中是一個五十歲左右的男人的臉，眼角有著條條細紋，但膚質還算光滑，簡直就和十年前的自己一模一樣！

這一幕其實並沒有發生，而是托尼·懷斯·科雷的想像。科雷是斯坦福大學研究自然醫學的專家，一直致力於尋找到如何讓那些日漸衰老且各器官逐漸衰竭的老人們，能夠有機會重獲年輕的方法。

兩年前，他組建了一支配備精良的研究團隊，還拿到了經費租了實驗室。

一切安排妥當後，由於他所設想的實驗過於大膽，所以只能先從小白鼠開始進行。

科雷養了一箱剛出生的小白鼠，同時還有另一箱十五個月的年齡大的白鼠。剛出生的小白鼠養到三個月的時候，科雷就讓研究人員將牠們的血液每天抽取出來一些，同時，那些年齡大的白鼠已經差不多十八個月大了。

研究人員將小白鼠的血液，反覆輸給那些年齡大的白鼠，三週左右的時間過去了，年齡大的白鼠已經被輸入了八次小白鼠的年輕血液。在科雷的各項測試中，居然展現出智力的明顯提高，而對照實驗組的另一箱年齡大的白鼠，卻在各項測試中沒有任何改變，持續著衰老的過程。

科雷詳細觀察了那些攝取年輕小白鼠血液的年齡大的白鼠們，發現牠們的海馬狀突起中，形成了新的連接，這部分正是負責記憶和老化反映的腦區，這個大腦結構的改變，造成了衰老的年齡大的白鼠，在記憶和學習方面能力的提升。

科雷詳細描述了實驗過程，並將實驗結果投給了《自然醫學》雜誌，他提出：「我們有資料顯示，小白鼠體內的年輕血液，能夠增強突觸的可塑性，儘管尚不知具體是哪種物質造成了這樣的變化，但確實能夠改變認知功能，建議可以將此研究批准針對老年人群，和那些可能患有老化神經退行性疾病的人群。」

科雷大膽的設想震驚了世界，但有鑑於這項實驗的風險和倫理道德的尷尬，一直未能受到資助和批准。

IN視角

科雷的實驗，從新的領域帶來了期待和可能性，但其不確定性使之充滿了風險。最關鍵的是：萬一這項技術真的被持續發展日漸成熟，那就是一個龐大的人工吸血鬼的製造基地。電影裡那些吸取血液才能永保青春的吸血鬼，可能就真的會在陽光下正大光明地吸血了。

91 麥當勞成為最減肥食品

◎快眼看實驗

地點：美國愛荷華州。

時間：二〇一三年。

主持人：John Cisna。

目標：連續九十天每天吃麥當勞可以減重。

特點：「垃圾食品」也需做到營養均衡搭配。

脫線指數：★★★★

可模仿指數：★★★★（垃圾食品瞬間大逆襲，麥當勞從此可以理直氣壯揚眉吐氣了！）

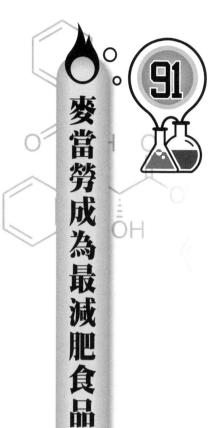

◎全實驗再現

Cisna 是美國愛荷華州一名普通的中學老師，負責教授科學課程。他非常熱愛自己的職業，也很喜歡每天找些新鮮的東西，分享給學生們。學生們都非常喜歡這個禿了半邊頭的老師，和他像朋友一般相處，常常會互相開開玩笑。

最近，Cisna 老師又開始閒不住了，一段時間沒有新的東西嘗試，他感覺整個人都不對勁。可是夏天即將來臨，確實沒有什麼新的想法可以實施。

這天，Cisna 老師照例在學校附近的麥當勞買東西吃，看到麥當勞推出的新款漢堡，盒子上寫著卡路里的數值，突然腦中靈光一現。

「大家都認為麥當勞是垃圾食品，很多父母都禁止小孩子去吃，或者嚴格限制數量和次數，實際上也許這是種誤解也說不定呢？雖然麥當勞的薯條、漢堡都是熱量十足，但同樣也有很多其他產品，如果每天控制好營養的均衡搭配，也許不會造成多大的傷害呢？反正我這肚子也夠大了，就算失敗了再大一圈也沒關係。但若是成功了，那不僅是為麥當勞正名，你這店裡的生意可能也會有變化的。」Cisna 老師向麥當勞的老闆解釋著自己的想法。

麥當勞的老闆聽後，毫不猶豫地答應了。

得到支持的 Cisna 老師開始了自己的新計畫，持續九十天，每天三餐只吃麥當勞，但要將攝取的熱量嚴格控制在兩千卡路里之內。他查閱了很多營養搭配的書籍，確保自己每天都能攝入適量的碳水化合物、蛋白質和脂肪等營養物質。

Cisna老師把自己的想法，也分享給了自己的學生們，那些離了漢堡就活不了的孩子們興奮不已，每天湊在一起幫Cisna老師研究怎樣才能有更好的搭配。他們幾乎研究透了麥當勞功能表中公布的所有資料，計算每款產品的營養配比，為老師制訂了每天的飲食計畫。

Cisna在九十天內的早餐基本是兩個雞蛋鬆餅，一碗燕麥片和百分之一的全脂牛奶，然後正常工作授課。午餐可以是巨無霸乳酪牛肉堡，下午授課後會有四十五分鐘的運動，慢跑或是自行車等有氧運動。晚餐通常是沙拉這樣的傳統晚餐，偶爾還能加個甜筒或者聖代。

九十天後，Cisna宣布了自己此項實驗的所有資料，竟然減下了三十七磅約十七公斤的體重，原本從上往下看不到腳面的大肚子，竟然消失了。最讓他驚喜的是：原本高達兩百四十九的膽固醇指數，竟然隨著體重的下降降到了一百七十！這絕對是意外的收穫。

Cisna老師在學校的先進教師評比中獲獎，推薦語是：「以身作則，透過親身實踐，向學生傳遞健康有效的生活方式。」而學校附近那家麥當勞老闆更是笑開懷了，雖然免費提供給Cisna三個月的飲食，但隨著實驗資料的公布，幾乎每天都是擠破了大門，尤其是那些胖子們。

IN 視角

美國人真是既膽大又充滿幽默感，麥當勞老闆能答應提供三個月的免費餐，只為了驗證一下結果，這種好奇心和幽默情緒，真不是每個生意人都能具備的素質。而Cisna更是腦袋裡充滿想像力，且不說最終能達到怎樣的效果，有這樣的想法還能堅持下來，本來就是個神人了！

92 核磁共振儀裡的表演

◎快眼看實驗

地點：荷蘭。

時間：一九九一年～一九九九年。

主持人：佩克．凡．安得爾。

目標：呈現性交時的人體剖面掃描圖。

特點：小空間裡大動作。

脫線指數：★★★★★

可模仿指數：★★（那些喜歡尋找刺激且已經嘗試過各種方式的人，可以嘗試此方法，絕對印象深刻。）

◎全實驗再現

一九九一年的某一天，醫生佩克．凡．安得爾駐足在一幅核磁共振圖像前陷入了沉思，那是一位歌手在唱歌時，被拍下的喉部的核磁共振圖像。這幅圖讓安得爾想起了達文西，在十五世紀末有一幅著名的解剖素描，可以清楚地看到男女在性交時體內的器官情況，但達文西是從死人的解剖圖中，得到靈感而創作的，充滿了想像的色彩。

性學研究者們，一直都致力於研究人們在享受美好時刻的過程中，體內究竟發生著怎樣的變化，各種實驗也因此展開。可是大多都是將人造陰莖或者窺鏡，放入女性體內進行觀察，但畢竟都是人為的痕跡，並不能完全說明雙方在性交狀態下的具體情況。

近來走紅的美劇《性愛大師》更是公開探討這個話題，引起巨大的爭議。

安得爾是個不安於現狀的醫生，他開始思考，既然醫學已經進步到，可以用很多成像儀器探究人類體內的那麼多情況，是不是也可以藉此研究性交時人體內的器官情況呢？於是，安得爾開始向醫院提出申請，想借用成像儀器，但院方覺得這個理由太過荒謬，根本不當一回事。

安得爾在醫院遊蕩了一週，終於發現醫院的核磁共振儀是從來都不關閉的，唯一需要的，就是使用儀器的機會。他在另一位醫生同事的支援下，與院方高層進行了多次交涉，終於得到了使用核磁共振儀的機會，但院方明確提出，若要調查起這件事，實驗所有細節院方均不知情。

一切就緒，只欠東風，對這個看起來有點搞笑的實驗來說，有個重要的環節就是，得有實驗參與者的配合。

安得爾找來了伊達和朱普，他們是一對街頭藝人的戀人，習慣了在壓力下的表演。畢竟，這項實驗是要求他們必須赤裸地在狹小的核磁共振儀的箱體空間內，完成完整的性交過程。而且在開始及高潮部分，都必須保持靜止，以讓安得爾可以捕捉到圖像才可以。試想一下，在嗨到極點時，突然有人喊一聲「停！保持住！」如此狀況下保持五十二秒靜止，那是十分窘迫的一件事。

結束後，安得爾將實驗結果發往各個醫學期刊，但都遭到了拒絕。很多專業期刊甚至懷疑，安得爾是不是人為捏造了這樣的文章來開玩笑的，絕對不能為他毀了專業領域的名聲。

最後，終於有一家名為《英國醫學雜誌》的期刊，同意發表其實驗結果。但提出只有一對實驗對象，資料太少，結論不夠科學。

倔強的安得爾四處發布廣告徵詢實驗者，甚至開出了大額支票的誘惑，最終找到了八對夫婦來參加這項實驗，並記錄了詳細的實驗過程。

在實驗當中，參與實驗者均反映出強烈的不安情緒，尤其是男性。讓他們在那個只有五十公分高的狹小箱體內，完成勃起並保持直到完成掃描，是件非常困難的事情，這個尷尬的情況，使得實驗無法正常持續完成。

安得爾的困惑，直到一九九八年，荷蘭的市場上出現了一種名為「偉哥」的藥物才算得以解決。又經過了幾次失敗的嘗試後，有兩名男子在服用偉哥後，終於在一小時後，完成了一個成功的實驗。《英國醫學雜誌》依約在一九九九年的聖誕期刊上，刊登了安得爾的圖像及他的實驗，並且配上了性交過程中的橫剖圖像。

安得爾一舉成名，因此獲得了一項「搞笑諾貝爾獎」。

IN視角

做為一名醫生，還能獲得幽默界的諾貝爾獎，那可真是搞笑派裡最懂醫學的，醫生裡最搞笑的經典範例了。安得爾獲獎後，有其他醫生提議，此實驗應該讓色情片演員來參與更為適合，因為他們經過特別訓練，可以比較容易完成實驗。也有人提出技術問題，那就是核磁共振儀裡那麼小的空間，究竟是否可以真正開展實驗所需的「活動」？

93 睡姿決定幸福

◎快眼看實驗

地點：英國。
時間：二〇一四年。
主持人：Richard Wiseman。
目標：情侶睡覺的距離與生活幸福的程度。
特點：距離越近，幸福越近；距離越遠，幸福越遠。
脫線指數：★★★★
可模仿指數：★★★★（貼緊吧戀人們，幸福列車會帶你們一同翱翔，就算脫軌，也能實現生死相依的誓言。）

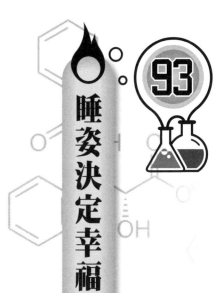

◎全實驗再現

世界上最遙遠的距離，不是你在天涯，我在海角，而是入睡前，你依偎在我懷中，醒來時，我面前卻是你的臭腳。

網路上天天都有關於幸福的探討，情侶們怎麼做才能更加幸福，幼稚卻引領著戀人們，心甘情願奔往那些推薦條例，果然是戀愛期間智商會下降。

其實，關於幸福的探討，確實是有科學可以依據的。心理學家們就是專門幹這件事的，他們最喜歡研究人與人之間那些微妙神奇的關係變化。

英國是感情內斂的國度，英國人基本也都是悶騷型的。為了證明網路上那些「從睡覺姿勢判斷性格」等類似的，不知是否嚴謹的理論，由赫特福德郡大學的心理學家 Wiseman 教授主導發起了一項龐大的實驗調查。他共招募了一千一百人的參與，可謂參與對象極為廣泛。

調查一開始，立刻引起了民眾的強烈興趣，戀人們更是強烈地渴望得知，究竟以怎樣的睡姿和戀人一同入睡，才是通往幸福康莊大道的捷徑。只是苦了那些強迫症的人，在實驗結果公布前，幾乎已經是無法入睡了。

參與調查的戀人們，需要準備一臺錄影機，從入睡時開始拍攝，然後醒來時關閉，接著截取影片，以觀察睡覺的姿勢和彼此的距離。

同時，Wiseman 教授還讓參與調查的戀人們，都分別填寫了一份經過詳細論證的問卷調查，還在其中放入了一些測謊的題目，以防止有人為了討好對方，而故意填寫好的方面。透過問卷可以收集整理出戀人們彼此的感情深厚程度，及兩人生活的幸福程度。

精神病學家 Samuel Dunkell 曾經研究發現：如果人們的睡覺姿勢像嬰兒一樣蜷縮的話，通常可能是因為內心的焦慮；如果只是膝蓋彎曲，類似半嬰兒狀態睡姿的話，是平和且容易妥協的人；如果平躺著睡覺的話，通常這類人會非常自信；如果是趴著睡覺的人，多半是完美主義者，當然，也有人提出可能是胸小的女性。

Wiseman 教授將影片及問卷二者結合後，最終得出了調查的結果。無論何種睡覺姿勢，情侶們睡覺的距離，如果能夠控制在一英寸即約二．五公分的範圍內，將會更加幸福開心，若是能加以觸摸的話，那將會更加和諧幸福。也就是說，幸福可以很遠，也可以很近，一英寸（約二．五公分）才是最幸福的黃金分割線

調查結果問世後，引發了民眾的廣泛討論。這個黃金比例的數字實在讓人有點囧，有些人睡覺真的像打仗一般，晚上入睡時溫婉地跟正常人一樣，早上起來不僅髮型嚇人，那睡覺姿勢更是難以用正常詞語形容。

Wiseman 教授也提出，調查發現百分之八十六的情侶，睡覺距離都在一英寸以內，當然還有百分之

六十六的情侶也算生活幸福，他們的睡覺距離在三十英寸，即約七十六公分左右。

IN視角

這是個有趣且溫情無限的實驗，一切的美好似乎都可以從實驗中得到。關於觸摸彼此會更加幸福的論點，舉雙手贊成，只是無法控制地，想像著兩個完美主義者，該如何縮短這幸福的距離，是手牽手呢？是臉對臉呢？還是疊羅漢呢？

94 脫衣舞孃的言論自由

◎快眼看實驗

地點：拉斯維加斯「小美人」俱樂部。

時間：一九九五年八月十九日～二十三日。

主持人：丹尼爾・林茨。

目標：脫衣舞與觀眾的距離，是否違反了憲法中，關於言論自由的規定。

特點：豔光四射、無限旖旎的實驗。

脫線指數：★★★★★

可模仿指數：★★★★（對男性朋友們來說，能參與這個實驗絕對是歡欣雀躍啊！）

◎全實驗再現

不夜城拉斯維加斯日日笙歌，什麼時候都燈火通明，越是入夜越是熱鬧。而最熱鬧的除了賭場之外，莫過於那些有脫衣舞表演的俱樂部了。在這其中，「小美人」俱樂部算是翹楚了，每天都是人滿為患，需要提前一週預約才可以入場。雖然高額的入場費讓很多人望而卻步，但俱樂部的老闆卻是每天賺得盆滿缽滿，笑得合不攏嘴。

一九九五年八月十九日，「小美人」俱樂部來了幾位文質彬彬的客人，客人們並沒有觀看脫衣舞表演，而是直接約見了老闆。老闆很奇怪地接待了這幾個人，心裡還在納悶「莫非有什麼調查不成？」結果，他們提出了一個讓老闆哭笑不得的要求。

在美國，憲法就是至高無上的存在。而在憲法當中，有一項要求與民眾有非常密切的關係，那就是「言論自由」。這是一項完全不可侵犯的權利，任何對民眾表達觀點造成限制的規定，都是違反憲法的。由於許多人反映，舞女在夜總會的表演會對觀眾有色情資訊的暗示，建議法律能出臺相關規章進行制約。但也有人提出，如果是國家以法律形式，禁止舞女們在俱樂部裡表演中完全脫光衣服，是不是也是觸犯了舞女們言論自由的權利呢？

針對這個奇葩的想法，美國各州法院也開始了思考。許多法院認為，在夜總會跳脫衣舞的禁令，以及對舞女和觀眾之間極限距離的相關規定，並沒有違反憲法的地方，因為這些法律條款，並沒有改變舞女向觀眾傳達色情資訊的行為實質。而在兩相爭論當中，加利福尼亞大學的丹尼爾·林茨和幾個同學抓到了一個絕好的契機。法律的這些條款制訂以及人民的討論，根本就是紙上談兵，沒有任何現實依據，於是產生了去拉斯維加斯進行實驗論證的想法。因此，才出現了與「小美人」俱樂部老闆溝通，想在他的俱樂部當中進行此項實驗的要求。

實驗開展前一週，林茨找了八名願意參與實驗的舞女，讓她們接受了專業舞蹈老師的培訓，學會了如何剛好卡在演出開始後的三十秒時，就能剛好完全脫掉她們的黑色連身裙的動作。

接下來，舞女們可以自己隨意，既可以全裸進行表演，也可以穿著內衣內褲進行表演，完全視她們自己當下的心情和感覺而定。

林茨從外面排隊的觀眾中，挑選了二十四名男性做為被試者，當他們走進俱樂部，得知可以免費觀看三分鐘的演出時，都欣喜若狂。

二十四名男性被試的年齡，分布在十八歲到六十五歲之間，他們被要求坐在臺下觀看三分鐘的表演，與舞女的距離由舞女自由發揮控制。演出結束後，他們需要填寫一份問卷，以此來瞭解觀眾在觀看脫衣舞後的感覺。

透過林茨和幾位同學的統計，以及二十四名被試者的問卷的答案，林茨得出結論：在色情交流方面，一絲不掛和半裸有著截然不同的區別，相較來看，觀眾在觀看全裸的表演時，會更容易獲得色情資訊的傳遞。

IN視角

能想出把脫衣舞孃和觀眾的互動，與憲法的言論自由扯在一起，恐怕也真的是閒得發慌了，又一個NO ZUO NO DIE的範例啊！

95 漢堡也能讓你嗨起來

◎快眼看實驗

地點：法國。
時間：二〇〇八年～二〇〇九年。
主持人：Giovanni Marsicano。
目標：為何吸毒後會狂吃垃圾食品的原因。
特點：漢堡躺著也中槍。
脫線指數：★★★★★
可模仿指數：★（請尊重可憐的小白鼠們那點「鼠權」好嗎？）

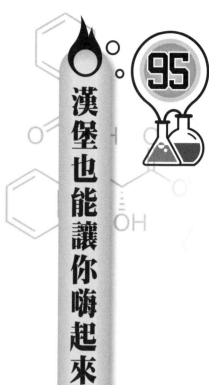

◎全實驗再現

實驗室裡光潔如新，一切幾乎都是以白色調為主，一側的玻璃隔板後是餵養的實驗小白鼠，每隻身上都標有一個號碼，以區別辨認。玻璃櫥櫃裡，都是一袋一袋，標記好數字和名字的實驗資料。

這是波爾多大學神經系的實驗室，神經學家 Giovanni Marsicano 和他的研究團隊平日裡就在這裡工作，很多神經領域新的實驗，也都是從這個實驗室展開的。

最近，馬西卡諾教授想到了一個新的研究課題，因為他發現自己每天只要在早晨上班途中，吃個散發著肉桂香氣的漢堡，就會感覺一天都很有精神，而長跑運動後，也是特別想吃個漢堡包。想起看到貧民窟街頭那些小混混，一邊嗨著，一邊啃著麥當勞，馬西卡諾教授便突發奇想，為什麼人們會在特定的時刻，狂想吃垃圾食品呢？

他認為人的體內，可能是有一個類似於飢餓感受器的東西，一旦有外界刺激，觸碰了這個飢餓感受器，人就會特別想要吃垃圾食品來快速補充能量。但顯然一開始不能拿人做實驗，於是實驗室裡那些小白鼠又成了最佳選擇。

小白鼠七十八號和七十九號，被選出來進行這項實驗。牠們被注入了四氫大麻酚，是人類吸食大麻的一種主要作用成分，用以模擬人類吸食大麻後的反應。小白鼠七十八號剛完成注射不到兩分鐘，就開始不住地顫抖，全身的毛都豎了起來。馬西卡諾教授觀察小白鼠的眼睛時，發現瞳孔完全擴散開來，沒有了焦點，七十八號小白鼠抖動了三分鐘左右的時間，就倒在一邊氣絕而死了。

小白鼠七十九號原本被放在另一隻籠子裡，等待七十八號的實驗完成後輪到自己。看到那副場景，當時就抓狂了，在籠子裡瘋狂地吱吱叫，並且用頭撞籠子。可是七十九號小白鼠還是被研究人員拿出了籠子，放入七十八號小白鼠剛才待過的籠子，七十九號小白鼠緊緊貼著籠子的一側，避免靠近七十八號死亡的地方。

研究人員經過商討，認為是注射的劑量過大，造成了小白鼠的死亡，於是減少了劑量，給七十九號小白鼠注射了進去。七十九號小白鼠在注射過程中，一直睜著眼睛看著研究人員，注射後安靜，但惡狠狠地繼續盯著給牠注射的研究人員，等待著死亡的到來。兩分鐘左右，七十九號小白鼠也開始了抖動，奇怪的是，七十九號小白鼠並沒有任何痛覺，而是感覺整個大腦像是爆炸了一樣，暈暈乎乎，不由自主地興奮起來。

研究人員看著籠子裡那隻興奮的小白鼠，滿籠子跌跌撞撞地四處晃，頭也搖來搖去，跟酒吧裡那些吃了搖頭丸的人極為神似。一旁連接電腦的線形圖顯示，七十九號小白鼠的大腦正處於極度興奮狀態，都是直上直下的圖像。

整個過程持續了約五分鐘，小白鼠終於安靜了下來，沒多久又開始四處遊逛，但這次看起來顯然是清醒的。研究人員放入了一些麵包屑，七十九號白鼠瘋狂地用小爪子扒著迅速就吃光了。

透過電腦的顯示統計，馬西卡諾教授在實驗報告上寫道：「白鼠大腦嗅球中，有一種既負責感知四氫大麻酚，又能激起食慾的感受器，無論是禁食還是吸毒，都可以啟動這個感受器。人類的大腦過程顯然要複雜更多，但相同的機制若是發生在人身上，就可以幫助科學家研發出很有效的減肥藥。」

IN 視角

科學家有時確實是閒得發慌，似乎不給自己找點事情做，就對不起實驗室和自己的專業。其實無論是否吸食大麻，只要是任何消耗能量的活動之後，都會產生餓的感覺，漢堡確實是補充能量最為適合的食物之一。而馬西卡諾教授的設想還真實現了，歐盟審核通過了一種叫做「利莫那班」的減肥藥，但由於其強烈的副作用，最終還是被迫退出了市場。只是可憐了小白鼠，招誰惹誰了要受這般罪，完全沒有「鼠權」可以申訴。

96 強顏歡笑的背後

◎快眼看實驗

地點：某大學。

時間：一九八八年。

主持人：Fritz Strack、Leonard Martin和Sabine Stepper。

目標：證明微笑和其他臉部表情，會對情緒造成積極或消極的影響。

特點：神級研究人員用奇葩方法測試出奇葩理論。

脫線指數：★★★★★

可模仿指數：★★★（實驗很容易，樣本資料很重要，最重要的是，該笑就笑，該哭就哭，別管那麼多！）

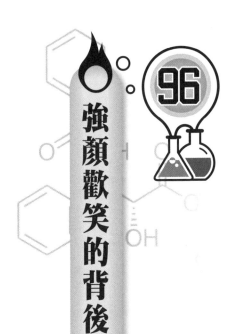

◎全實驗再現

相信很多人都有過失落傷感的時刻，在那些時刻，總是會有人問你：「你還好嗎？」這是個很難回答的問題，很多人都會以微笑做為回應，這應該是許多人都曾經歷過的。

可是，對萬能的科學家來說，就萌發了一個問題：人之所以微笑，究竟是因為真的開心，還是因為想要變得開心？回答的人可要小心了，這是個大大的陷阱。社會心理學實驗期刊有研究顯示——如果你認為微笑是因為想要變得開心，那你從今以後再微笑的時候，可就再也不會真的開心了。

一九八八年，有三個奇葩的心理學研究者，想到了一個奇葩的實驗，想驗證一下人們的微笑究竟是因為開心造成的，還是開心是由微笑產生的，如此拗口的內容，實際上有個理論名稱——「臉部反應假說」。這個理論認為，人的微笑和其他的臉部表情，會對人的情緒產生積極的影響。

為了證明這個理論的正確與否，心理學家 Fritz Strack、Leonard Martin 和 Sabine Stepper 找來一批志願者參與實驗。

實驗當天，志願者被分為兩批，分別在兩個獨立的房間，房間裡有一個沙發和一臺電視機。房間的門上寫著一號和二號兩個數字，一號房間的實驗參與者，被要求用嘴唇含住鋼筆不能動，然後觀看了一段二十分鐘長度的搞笑卡通片；而二號房間的實驗參與者，則是被要求用牙齒咬住鋼筆不動，然後觀看卡通片。

結束後，每位實驗參與者都要完成一份問卷以觀測其情緒狀態。

結果顯示，用牙齒咬住鋼筆的參與者，普遍表現比用嘴唇含住鋼筆的參與者要更為開心。研究人員稱：這是因為用牙齒咬住鋼筆時，需要用到和微笑時用到的相同的一組肌肉，而用嘴唇含住鋼筆時，那塊肌肉是無法活動的。

後來的心理學家認為，當時的實驗過程過於單一，並沒有對照組做為參考，於是又參照此實驗擴大了實驗。

在某大學當中，八十五名在校大學生參與了這個口含鋼筆實驗，同樣被分為兩組。一組參與者被研究人員稱為是證明「反應式微笑理論」，就是當他們將鋼筆放入嘴裡之前，就已經被告知說微笑是由於快樂而產生的自然反應；而另一組被研究人員稱為「前攝式微笑理論」，他們在口含鋼筆之前，被告知微笑這個表情是為了讓自己高興而產生的。

實驗中，參與者被要求發出特定的母音，來強迫在口含鋼筆的狀態下做出微笑的表情，同時會給兩組人展示搞笑的圖片，告訴他們看到有趣的就可以笑出來。一共展示了十張圖片，其中有搞笑也有不搞笑的，結果顯示，搞笑圖片顯示更多的參與者們笑得越多，「前攝」組那些被告知，微笑僅僅只是為了顯示開心的參與者心情越差。

整個實驗對外公布的結論是：強迫心情低落的人，發笑會得到適得其反的效果。

IN視角

已經都強顏歡笑了，難道還需要驗證開不開心嗎？

單單就實驗本身來說，除了這個無厘頭的探索主題，其清晰的思路、龐大的樣本群、完整的資料和實驗過程，的確是一個挑不出毛病的好實驗。

試想一下，遇到心情不佳時，強迫自己微笑，實際上是一種積極的情緒暗示，但想要變得快樂時，突然想到這個理論——「其實沒什麼值得高興的事」，頓時覺得再也不會快樂了！

97 關於最痛的實驗

◎快眼看實驗

地點：美國。

時間：不詳。

主持人：Michael Smith。

目標：弄清疼痛對人的影響。

特點：神級脫線的科學家做出史上最無厘頭的實驗。

脫線指數：★★★★★

可模仿指數：★（這個……這個能不能模仿？如果你有受虐傾向，也許真可以試試。）

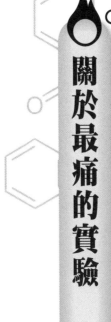

◎全實驗再現

史密斯是康奈爾大學研究蜜蜂行為與進化的研究生，由於沒有女朋友讓他費心思去邀約，所以他待在實驗室的時間就比較多。往往在獨自一人的時候，他會穿拖鞋、大T恤、短褲就去實驗室了。

這天，史密斯又是一個人百般無聊地在實驗室工作。當他打開蜂箱時，想起有樣東西沒有拿，就轉身去取，可是忘了關蜂箱的門，當他拿好物品開始實驗時，一陣突如其來的疼痛，讓他差點一揮手砸了顯微鏡。原來，一隻偷跑出來的蜜蜂，在他的陰莖上狠狠叮了一口。

但最讓史密斯驚詫的，並不是蜜蜂如何偷跑出來，也不是為何選擇了那個隱私部位叮咬，而是想像中那要命的痛，竟然沒有那麼強烈！驚詫之餘，史密斯覺得肯定是自己剛才過於專注實驗，並沒有認真體會那種痛覺，於是用鉗子夾對著另一側的陰囊扎了下去……這次，史密斯認真體會著，並等待著疼痛的來臨，但實際上雖然很不舒服且有痛覺，但和他想像的痛感差了很遠。

這下子史密斯來了興致，他突然想到一件事，前有賈斯汀．施密特著名的「施密特刺痛指數」，但卻沒有細緻到蜜蜂叮咬不同部位的指數，那麼蜜蜂如果叮咬人類的話，究竟哪個部位會最痛呢？

這個脫線的未來的科學家，為自己制訂了一個奇葩的實驗計畫。由於預測找不到實驗者，而史密斯自己又特別想要快速找到結果，於是他將自己當成了實驗對象。於是乎，又一個拿自己做實驗的脫線科學家誕生了。

連續三十八天中，史密斯想盡了各種方法，用鑷子夾住蜜蜂的翅膀，然後將其放置在自己想要測試的部位，持續一分鐘的時間再挪開，給蜜蜂充分的時間叮咬，然後將疼痛程度以一到十分進行評分。

每天早上九點到十點之間的一個小時，史密斯堅持拿著蜜蜂在五個部位叮咬。剛開始都是偷偷做實驗，後來被導師發現問出緣由後，導師只對他計畫要用蜜蜂叮眼睛的嘗試表示了強烈反對，那是肯定會瞎的。最終，史密斯放棄了這個部位的實驗嘗試。

史密斯得出了實驗結論是：蜜蜂叮在生殖器官上的疼痛指數和叮在手掌、臉頰相比是一樣的，約為七．三，但實際上，蜜蜂叮完最痛的是鼻子，指數達到九．〇，其次是上嘴唇，為八．七。

當記者採訪這個被叮得一身包，卻很興奮的科學家時，史密斯表示：「其實最難的不是忍受疼痛，而是每天對著鏡子，得想辦法變換姿勢，以達到讓蜜蜂叮咬到設想的特定部位，那也是最有意思的部分……」

IN視角

想像一下，一個裸男小心翼翼地夾著蜜蜂，對著鏡子扭來扭去，然後對著自己的屁股，小心翼翼地將蜜蜂放上去，從鏡子裡看去，眼裡閃著興奮的光芒，那該是多麼詭異的場景啊！但這個實驗畢竟只有一名被試者，並不能真正展現疼痛指數的實效性，畢竟每個人對疼痛的認知和感受是不同的。

98 聞耳屎也是一門學問

◎快眼看實驗

地點：美國費城。
時間：二〇一三年。
主持人：喬治・普雷蒂。
目標：透過耳屎氣味辨別種族。
特點：蒼天大地，多麼無聊的科學家，才會想到去聞每個人的耳屎呢？
脫線指數：★★★★★
可模仿指數：★★★（實驗材料廣泛易獲取，操作簡單，難的是保持淡定，純粹科學的心態。）

◎全實驗再現

可能有一些好奇心強的小朋友，常會對自己的身體進行探索，無論是來自自己身體的什麼東西，總是摸摸聞聞，似乎這樣可以更多瞭解自己的內心似的，比如：身上起的小包會畫個十字架，把鼻屎捏來捏去，捏成一團彈出去，耳屎挖出來抖一抖……許多小朋友都這麼做過，還充滿了歡樂和好奇。

不料，竟有科學家會對這些成年人遠離的東西，產生濃烈的興趣。

普雷蒂是費城一家化學感覺研究中心的博士，他每天和同事在實驗室裡進行各項實驗研究，用以查找出人體究竟有哪些東西，可以用於證實個人身分。

他們對各種實驗對象進行了研究，有一次無聊地用耳屎來進行測試，居然發現原來簡單的測量耳屎，就可以確認人們的種族、性取向，甚至是健康狀況。

起因是這個化學研究中心，曾有化學家研究證實過，人類腋下的氣味可以傳遞個人的大量資訊。例如，亞洲人的腋下，通常出汗較少，氣味相對較淡；而白色人種的腋下，出汗較多且氣味較為濃烈。這就是為什麼外國人總是喜歡用濃濃的古龍水的原因。

於是喬治猜想，既然腋下的汗液味道，可以傳遞那麼多的資訊，也許其他的排泄物也可以。鼻屎似乎可以往後排一排，於是，耳朵裡那些調皮的東西，就變成了實驗的對象。因為耳屎本身就是由特殊的汗液和皮脂腺分泌出的脂肪物質相結合，而產生的混合分泌物，通常潮濕時呈現黃褐色的蠟狀物，乾燥時則是白色的蠟狀物形態。

為了測試耳屎是否真的和自己想的那樣，有特殊的氣味並且攜帶人體資訊，喬治帶領小組收集了六位健康的男性的耳屎，當中一半是高加索人，另一半則是亞洲人。

研究人員將每人的耳屎樣本，分別放進一個玻璃小瓶，微微加熱半小時，讓耳屎可以有時間釋放揮發其有機物的分子傳播，發現大部分的耳屎樣本是有不同氣味的。

而小瓶的另一側，連接著一個具有吸收功能的裝置，用於採集耳屎樣本揮發的有機物，然後對這些化學成分進行分析。

實驗結果顯示，所有的耳屎樣本都具有揮發性的有機物，但是兩組不同人種的揮發性有機物指數是不同的，高加索人的指數是十一，而亞洲人的指數則為十二。

這種差異讓喬治很感興趣，他認為這可能是因為不同人種在不同的環境下生活，耳屎當中的脂肪屬性可能是隨之改變的，而這種改變的因素，有可能就能辨別出此人周圍的健康環境及疾病的可能情況。

所以，用耳屎判別人體的健康，將是極具價值的。

實驗結果一經問世，立刻引起廣泛關注，美國很多科學媒體都紛紛效仿並爭相刊登，有家媒體非常幽默卻寫實地寫道：「耳屎又黃又黏，很遺憾地告知各位，真的不好聞！」

IN視角

呃……原來真的有人嘗試學習，關鍵研究中心是用揮發來檢測氣味，並不是直接上去就聞。今後若是見到第一眼辨別不出人種的朋友，你可以嚴肅地走上前對他說：「這位朋友，請給我挖一點你的耳屎吧！」然後，無比「享受」地聞上半天，高興地說「噢！原來你是亞洲人呀！」

99 盒子並不只是盒子

◎快眼看實驗

地點：德國。
時間：一九三五年。
主持人：卡爾・東克爾。
目標：克服思維的定勢。
特點：思維這個東西，有人是無邊泳池，有人是四方的澡盆。
脫線指數：★★★
可模仿指數：★★★★（這樣的實驗值得推廣，打破思維定勢，人生無極限。）

◎全實驗再現

肖恩走進一個房間，房間內有一張長桌，一把椅子，長桌上擺放著一盒半開的火柴、一把小圖釘、三根蠟燭和一張紙。

肖恩站在桌前沉思，他進房間之前，已經被告知他的任務，是要將蠟燭固定在視力可及的平行高度，並且要求當蠟燭燃燒時，蠟油不能滴在地板或桌子上，否則會引起火災。

這是德國心理學家卡爾．東克爾著名的蠟燭實驗。

那時的東克爾只有三十歲，是單身男士，因為對心理學的強烈興趣，每天都在做各種鑽研，希望可以在自己喜愛的領域內有所成就。可是似乎經典的理論都已被前輩們發現提出，沿襲下來很難再有創新，何況當時的東克爾，只是個沒有任何經驗和背景的窮小子。

租房的房東很喜愛這個小伙子，覺得他機靈聰明，還懂得孝順老人，就想把自己內向的女兒嫁給東克爾，並常常創造機會讓兩人在一起相處。

有一天，房東又找藉口留了女兒和東克爾兩個人在家，自己跑去鄰居家聊天。女兒和東克爾其實都心知肚明，怎奈都是內向的人，怎麼也開不了說出肉麻情話的口，只是坐在沙發上有一句沒一句地聊著。房東離開時為了讓兩人輕鬆些，特意將電閘拉了，只留下兩根蠟燭在餐桌，希望燭光晚餐可以促成兩個年輕人的感情。

這時坐在沙發上聊天，燭光實在是過於昏暗，兩人越聊越覺得尷尬。東克爾提出要不給她看看自己小時候的照片，但需要把蠟燭挪到沙發旁。房東女兒羞澀地應聲，並去拿來了蠟燭，可是卻面臨了一個難題，她家的沙發剛巧在牆角，四周並沒有桌子可以擺放，想要看清照片，最好的位置是放在沙發旁的牆上。這下可難倒了房東的女兒，這蠟燭不停滴著蠟油，要是掉到沙發上那可就照片沒看成，自己也要變成黑白照片裡的人了！可是這要是手舉著那可是受不了，無論蠟油滴到手上還是照片上，都是件很囧的事情。

她舉著火柴盒和蠟燭，站在那裡進退兩難。

東克爾見狀奇怪，就拿過火柴盒，取出裡面的空盒子，用沙發上固定墊布的圖釘釘在牆上，然後將蠟燭固定在上面。房東女兒驚喜地誇讚東克爾真是聰明，這一放鬆，兩人反而聊得很開懷。

約會進行得非常順利，當東克爾回到房間躺在床上時，突然想起剛才的場景，頓時覺得非常有意思。明明那麼簡單的事情，卻能拿著火柴盒想不出辦法，其實房東女兒平日裡挺聰慧的，怎麼會這麼不靈活呢？難不成火柴盒只能裝火柴嗎？想到這裡，突然靈光一現，東克爾興奮坐起來，下床拿筆記下了自己的想法。

三天後，他找到了十名願意參與這個奇怪實驗的人，於是就出現了文章開頭的那一幕。

可惜，參與實驗的人，要嘛直接用圖釘將蠟燭釘在牆上，要嘛像肖恩一樣，用紙將蠟燭裹住，然後用圖釘將紙固定在牆上。由於蠟燭一直在燃燒，有位用紙裹蠟燭的參與者做完後，蠟燭直接將紙燒著掉在了地上，幸好東克爾搶救及時，否則可真是葬身火海了。

之後，東克爾又調整了實驗的部分，他將火柴盒抽出來，將火柴都散放在桌子上，同樣的任務，竟然有百分之八十二的人都是採用了東克爾同樣的方法，完成了實驗。

這一實驗正是說明了東克爾所預料的，人們的思維都有其功能定勢，若是功能有所轉移，則更容易進行創造性思維的思考。

IN視角

經典實驗，推薦讀物東克爾的《創造性思維心理學》，非常經典的心理學著作。當時的東克爾年僅三十二歲，可見打破思維定勢多麼容易創造輝煌。可惜的是，思維再活躍，政治選錯了站隊，由於黨派的鬥爭，東克爾兩次申請成為大學講師，都遭到了拒絕。才華始終無法施展，度過了五年鬱鬱不得志的時間，他終在絕望中，結束了自己的生命。

100 羞恥的力量

◎快眼看實驗

地點：阿姆斯特丹。

時間：二〇一四年。

主持人：Marte Otten 和 Kai Jonas。

目標：羞恥的感情強烈程度。

特點：羞恥是伴隨一生的最難忘感受。

脫線指數：★★

可模仿指數：★★★★（實驗極其容易操作，只是參與實驗的人需要極大勇氣。）

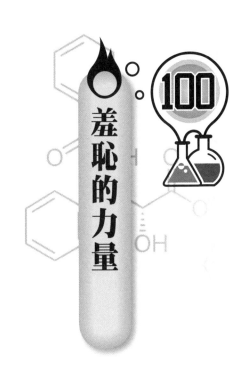

◎全實驗再現

馬特非常小心地整理著自己的個人物品，短短的二十分鐘，在他心裡卻像是一個世紀那麼漫長，他覺得所有人的目光似乎都對著他，每個人都在他身後指指點點。儘管背對著所有人，他一直低著頭，覺得所有人的目光都包含著鄙夷，都赤裸裸地像箭一般向他射來。

馬特轉身進入電梯，直到步出大樓，都一直低著頭悶聲不語，過了街角才停下腳步。回身看了看工作十年的大樓，說沒有感情那是假的，說心甘情願那更是違心說的，可是他有什麼辦法，出了那樣的事，擺明了主管談話就是希望他提出辭職的。他是有機會可以留下的，但內心那種極度羞恥的感覺，讓他簡直無法多待一分鐘，只能遺憾地離開自己工作了十年的地方。

時間往回拉十八個小時，馬特的工作是負責監控設備的維護和管理。其實工作不多，只是比較耗時間，尤其是夜間需要值班的時候，不能安心睡覺，得不時地看看監視器螢幕，注意著是不是有異常情況的產生。

而馬特所負責的監控範圍，並不僅僅是大樓，還包括附近的幾棟商住樓的住戶們所設置的監控設備。

昨天晚飯後，家家都圍坐在電視前休閒時，馬特也照常在監控室裡打開了螢幕。由於每日的工作並不複雜卻非常枯燥，單身的馬特有一個隱密的愛好，就是看成人電影來消磨時光。由於羞於啟齒，所以並沒有人知道他這一愛好。昨天照例打開成人電影時，不知道誤按下了什麼鍵，在他並沒注意的情況下，他所負責監控區域的所有顯示螢幕，都被切換成了他正在欣賞的小電影，十分鐘後他才注意到不對，當時臉色立刻變得慘白。

第二天上午，他就被主管叫去辦公室談話。據說一大早主管剛到辦公室，就一直不停地接電話，至少有十五通電話投訴，都在斥責究竟他們做了什麼。主管非常生氣，對著馬特吼叫，辦公室許多人都聽到了，馬特當時恨不得扒開一個地縫鑽進去，於是主動提出了辭職。

馬特的羞恥情緒伴隨了一生，若干年後，朋友問他印象最深刻的事情，他腦海中第一個浮現出的依然是那件恍如昨日的事件，以及刻骨銘心的羞愧之情。

著名的心理學家 David R. Hawkins 曾對各類情感進行了能量等級的區分，從零到一千，兩百以下為負面能量，越低說明負能量越強；兩百以上為正面能量，越高說明積極能量越強。而測試結果發現，羞愧是最低的數值，指數只有二十，這也解釋了為什麼古往今來那麼多人會因羞愧自殺。

心理學家 Marte Otten 和 Kai Jonas 更是採用新的實驗方法，讓男女分組進行能夠激發不同情緒的文章閱讀，同時監控這些人的大腦活動，發現羞恥這種情緒遠遠超過了其他情緒的反應。大腦會消耗更多的精神和能量來處理，並有可能帶來長久持續的影響。

有趣的是，Marte Otten 在研究報告中寫了一段話：「每個人都會避免羞恥，但是如果是一個胖子，他的生活中可能處處充滿了這個詞，在這個以瘦為美的文化中，胖子就約等於羞恥，就像身體裡的烙印會陪伴一生，特別是年輕的時候。隨著年齡的增長，可能感受會減輕許多。」

IN視角

為什麼中招的總是胖子？胖子招誰惹誰了，什麼消極的詞都用在胖子身上？但從科學的角度來說，情緒的確是有強弱程度之分的。對於表現出的行為會有不同的影響，而不同的程度之間還會有轉化。比如，羞恥可能也會演化成憤怒，這種憤怒有可能會引發暴力行為的產生。羞恥這種情緒的產生本身就包含了自卑、自尊、誘惑、焦慮等其他情緒，是一種綜合的情緒反應。

國家圖書館出版品預行編目(CIP)資料

脫線創意集中營：瘋狂科學實驗 / 夏潔著.
-- 第一版. -- 臺北市：樂果文化出版：紅螞蟻圖書發行,
2017.04
面； 公分. --(樂生活；39)
ISBN 978-986-94140-9-8(平裝)

1.科學實驗 2.通俗作品

303.4 106002550

樂生活 39
脫線創意集中營：瘋狂科學實驗

作　　者 / 夏潔
總 編 輯 / 何南輝
責任編輯 / 韓顯赫
行銷企劃 / 黃文秀
封面設計 / 引子設計
內頁設計 / 沙海潛行

出　　版 / 樂果文化事業有限公司
讀者服務專線 / (02)2795-3656
劃撥帳號 / 50118837號　樂果文化事業有限公司
印 刷 廠 / 卡樂彩色製版印刷有限公司
總 經 銷 / 紅螞蟻圖書有限公司
地　　址 / 台北市內湖區舊宗路二段121巷19號(紅螞蟻資訊大樓)
電話：(02)2795-3656
傳真：(02)2795-4100

2017年4月第一版　定價／350元　ISBN 978-986-94140-9-8